自信赢得未来

张文会◎编著

中国商业出版社

图书在版编目（CIP）数据

自信赢得未来 / 张文会 编著 .—北京：中国商业出版社，2015.11

ISBN 978-7-5044-9151-0

Ⅰ．①自… Ⅱ．①张… Ⅲ．①自信心—通俗读物②成功心理—通俗读物 Ⅳ．① B848.4-49

中国版本图书馆 CIP 数据核字 (2015) 第 240886 号

责任编辑：朱丽丽

中国商业出版社出版发行

010-63180647 www.c-cbook.com

（100053北京广安门内报国寺1号）

新华书店总店北京发行所经销

北京毅峰迅捷印刷有限公司印刷

710×1000毫米 16开 14印张 220千字

2015年12月第1版 2015年12月第1次印刷

定价：32.00元

* * * *

前言

许多人会这样想：世界上最美好的东西，不是我这一辈子所应享有的。他们认为，生活中的一切快乐，都是留给命运的宠儿来享受的。有了这种自卑的心理后，当然就不会有出人头地的观念。好多人本来可以做成大事、立大业，但实际上竟只做小事，过着平庸的生活，原因就在于他们自暴自弃，没有远大的理想，不具备坚定的自信。

《世界上最伟大的推销员》的作者奥格·曼狄诺说："我是自然界最伟大的奇迹。自从上帝创造了天地万物以来，没有一个人和我一样，我的头脑、心灵、眼睛、耳朵、双手、头发、嘴唇都是与众不同的。言谈举止和我完全一样的以前没有，现在没有，以后也不会有。虽然四海之内皆兄弟，然而人人各异。我是独一无二的造化。"奥格·曼狄诺的话说得太好了，只要我们对自己充满信心，一切困难都将不是问题。

美国发明家爱迪生在介绍他的成功经验时说："什么是成功的秘诀，很简单，无论何时，不管怎样，我也绝不允许自己有一点点灰心丧气。"当我们身上具备了自信的特质，相信自己一定能够战胜所有困难，就能创造奇迹。所以说，我们每个人都要相信自己能行，要明白自己是惟一的，自己是独特的，只要为努力奋斗了，就没有不成功的理由。

只要相信自己行，就一定行；只要相信自己能成功，就一定会成功。著名传记作家莫洛亚写道：“我研究过很多在事业上获得成功的人的传记资料，发现了一个现象，就是不管他们的出身如何，他们都有一个共同点：永远不相信命运，永远不向命运低头。在对命运的控制上，他们的力量比命运控制他们的力量更强大，使得命运之神不得不向他们低头！”

一个从未被他人所打败的人，打败他的恰恰是他自己。我们想要成就大事，就必须充分地相信自己。人只有坚强的自信，才能对自己所从事的事业充满力量。

人生中有很多艰难险阻，这往往是人生最大的障碍，很多人为此在等待老天开眼，希望能得到他人的援助。可是，更多人在这种等待中垂垂老矣，一事无成。一个人有什么样的付出，他的人生才会有什么样的收获。一个人社会地位的高低，身份的尊卑，乃至事业的成败，往往源于他对自己的定位。

本书告诉你，坚强的自信，便是伟大成功的源泉，不论才干大小，天资高低，成功都取决于坚定的自信。相信能做成的事，一定能够成功。反之，不相信能做成的事，那就决不会成功。命运掌握在你自己的手中，只要相信自己，那么你就会成为一个成功的人！

目录

第一辑　不愁不忧不烦躁，自信才会有好未来

不同的心态决定不同的命运 \ 2

你的世界靠自己掌控，心态决定你的未来 \ 3

相信自己有未来，成功就是拒绝消极观念 \ 5

相信自己还有希望，上苍就会给你一份惊喜 \ 8

不要否定自己，好心态可以创造奇迹 \ 10

不管境遇有多糟糕，守住好心态你就会成功 \ 12

贫穷不是天生的，积极心态更容易获取财富 \ 15

会转弯才会有幸运，不要从坏的一面看问题 \ 17

第二辑　自卑自怜是一个人平庸无为的原罪

一个人的成功往往源于他对自己的信任 \ 20

信心加持你的人生：你可以变得更完美 \ 21

相信自己，自信是发挥自我的加速剂 \ 23

克服自卑的心理，相信自己能行你就行 \ 26

相信自己，你才能得到人们的信任 \ 29

敢说“我是第一！”你就会成为与众不同的人 \ 32

踢开自卑的绊脚石，让人生充满阳光 \ 34

迷失中更需要一份自信，这样方能找到出路 \ 37

不信天命，自信是获得成功的不竭动力 \ 38
请为自己喝彩，你也是世界的惟一 \ 41

第三辑 每个人都拥有被别人羡慕的优势

人难在自知，不要让潜能长眠一生 \ 46
优势是有别于他人的优点 \ 49
优势，劣势之所依；劣势，优势之所伏 \ 51
只要你不为自己设限，你的人生就会无极限 \ 54
你那些不在意的拥有，正是别人羡慕的宝贝 \ 56
看到自己的优势，才不会将自己埋没 \ 60
优势没有大小之分，小优势也能带来成功 \ 62
不管现在多弱小，也不要忽视了你的潜能 \ 65
给自己发挥潜能的机会，你会更强大 \ 67

第四辑 人生总会有缺憾，学会接受自己

接受并利用既定现实，你才能过得更好 \ 72
直面不如意的自己，别害怕袒露自己的缺陷 \ 74
人生总有残缺之美，永远不要奢求十全十美 \ 77
欣赏自己的不完美，相信自己就是最好的 \ 80
地位再低也不自暴自弃，你就会变得伟大 \ 82
追求完美是一种苛求，对自己也是一种折磨 \ 84
学会欣赏自己，不完美也是一种完美 \ 86

第五辑 不抛弃不放弃，信念是成功的最大资本

做就要做到底：永不放弃就能走向成功 \ 92

机遇总在最后时刻闪现，挺住就能赢 \ 95
成功是忍耐的延续，失败是因为你的放弃 \ 98
做到善始善终，耐心把一壶水烧开 \ 100
没有随随便便的成功，苦难是上帝送给你的礼物 \ 103
君子自强不息，用恒心和毅力换取成功 \ 106
再坚持一下，浅尝辄止与光明未来无缘 \ 109

第六辑 追求高远的人才会有宽广的人生

只要有进取心，成功就不是一块有限的蛋糕 \ 114
你的心有多大，你的人生舞台就有多宽广 \ 116
经常问问自己：我的人生目标在哪里 \ 119
没有使命感的人，很可能会迷失方向 \ 122
走自己的路，只有自己最清楚自己 \ 125
人生难得几回搏，起点高一点胆子大一点 \ 127
保持进取心，你就会走在所有人前面 \ 131
只要你有勃勃野心，你就会成为成功的人 \ 133

第七辑 敢于挑战，每个人都能靠自己成功

有勇气的人，世界都会给他让路 \ 138
自己的道路自己走，命运靠自己改变 \ 141
赢在主动出击，不怕冒险的人才会成功 \ 145
除了你自己，几乎没人可以拯救你 \ 147
当你跌倒之后，只能靠自己站起来 \ 150
不要问命运在谁手里？命运就在自己手里！ \ 152
立命在我，做一个改变自己的人 \ 155
不要指望别人，你才是自己的救世主 \ 157

第八辑 避开自信误区，正确认识自己的优势

优势不等于胜势，有优势不等于有成功 \ 162
本性是你的优势，不要为迎合别人而改变自己 \ 164
高学历不等于真本事，有学历不等于有优势 \ 167
擦亮你的眼睛，不要将兴趣当优势 \ 170
不迷信经验优势，懂得打破思维定式 \ 173
优势十足，也不要犯眼高手低的毛病 \ 175
建立自己的优势，不要抱着“完美主义”不放 \ 178
不管你多牛，自命不凡总不会有好结果 \ 181
认清优势和弱势，你才能真的“得势” \ 184

第九辑 成功者是因为有了相信才有了成功

克莱门提·史东：我为什么不能成功？ \ 188
马云：相信自己，就能赢得整个世界 \ 192
吴士宏：我相信自己，不信命运的安排 \ 196
松下幸之助：成功就是相信你从事的事业 \ 199
乔布斯：一定要成为最厉害的人 \ 203
史玉柱：我不相信自己会轻易倒下 \ 206
金宇中：我不相信命运就此抛弃我 \ 209
普拉蒂尼：我不相信自己会平庸一生 \ 212

第一辑

不愁不忧不烦躁，自信才会有好未来

一个人拥有乐观的心态不一定会获得成功。但是，一个成功的人必然少不了积极、乐观心态的陪伴。纳粹集中营的幸存者维克托·弗兰克这样说：“在特定的环境中，人们还有一种最后的自由，就是选择自己的心态。”你的心态决定你的世界，心态变了世界也就变了。

◎ 不同的心态决定不同的命运

你要相信，人与人之间只有很小的差异，但就是这很小的差异造成了巨大的差距！很小的差异就是你所具备的心态是积极的还是消极的，巨大的差距就是成功和失败。

同一件事由具有不同心态的人去做，其结果可能截然不同。所以说，不同的心态决定了不同的命运。

一位心理学家想知道人的心态对行为到底会产生什么样的影响，于是他做了一个实验。

首先，他让10个人穿过一间黑暗的房子，在他的指导下，这10个人皆成功地穿了过去。

然后，他打开房内的一盏灯。在昏黄的灯光下，这些人看清了房内的一切，都惊出一身冷汗。这间房子的地面是一个大水池，水池里有十几条大鳄鱼，水池上方搭着一座窄窄的小木桥，刚才他们就是从小桥上走过去的。

心理学家问："现在，你们当中还有谁愿意再次穿过这间房子呢？"没有人回答。过了很久，有3个人胆大地站了出来。

其中一个小心翼翼地走了过去，速度比第一次慢了许多；另一个颤巍巍地踏上小木桥，走到一半时，竟趴在小桥上爬了过去；第三个刚走几步就一下子趴下了，再也不敢向前移动半步。

心理学家又打开房内的另外9盏灯，灯光把房里照得如同白昼。这时，人们看见小木桥下方装有一张安全网，由于网线颜色极浅，他们刚才根本没有看见。

“现在，谁愿意通过这座小木桥呢？”心理学家问道。这次又有5个人站了出来。

“你们为何不愿意呢？”心理学家问剩下的两个人。

“这张安全网牢固吗？”这两个人异口同声地反问。

很多时候，成功就像过桥，失败的原因恐怕不是力量薄弱、智能低下，而是面对险境，很多人早就失去了平衡的心态，慌了手脚，乱了方寸。

在我们的周围总会有他人的闲言碎语，指指点点，尤其在我们即将迈进成功的大门时，那关键的一步如何走，总会倍加困扰我们，面对众人的意见也会觉得不知所措，十分茫然。这时，良好的心态就成为取胜的关键，而驾驭心态的正是我们自己。

心态改变人的命运，不要因为消极心态而使自己成为一个失败者。要知道，成功永远属于那些抱有积极心态并付诸行动的人。如果你想改变自己的世界，改变自己的命运，那从现在开始，改变你的心态！

◎ 你的世界靠自己掌控，心态决定你的未来

成功靠什么？有人说是靠天，也有人说靠命，还有人说是靠运气……其实，人生的成功全靠自己。怎样的心态决定怎样的人生，人生都是靠自己掌控，心态决定人生的方向。有一个成功的心态，就会认为自己有能力成功。因此，不要因为自身条件的恶劣而放弃追求成功，要相信，只要能好好地运用积极心态，就能达到成功的彼岸。

小时候的富兰克林·罗斯福是一个胆小并且心理脆弱的小男孩。如果在课堂上被叫起来背诵课文，他立即就会表现出双腿发抖、嘴唇颤动等症状，并且回答得含糊不清。因此他的脸上总有一种惊惧的表情，甚至连呼吸也变得像喘气一样。

假如这种情况发生在其他的小孩子身上，那么这个小孩在心底里一定会很敏感，并回避任何集体活动，性情变得很孤僻，不喜欢交朋友，成为一个没人关心、没人在意的人。

可是这种情况是发生在罗斯福身上，所以情况有了很大的变化。因为他一直保持着一种积极的心态，而正是这种心态，最终激发了他的奋斗精神。

一个人的缺陷促使一个人更努力地去奋斗，罗斯福正是这种人。他并未因为同伴的嘲笑而失去勇气，而恰恰相反，他把自己喘气的习惯变成了一种坚定的嘶声，用牙齿咬紧自己的嘴唇而使它不颤动，从而克服了他的胆小和恐惧，也就是这种奋斗精神，让他最终成了美国一位伟大的总统。

法国作家雨果曾说："没有任何东西的威力比得上一个适时的主意。"有积极心态的人时刻在寻找最佳的新观念，这些新观念能增加积极心态者的成功潜力。

美国亿万富翁卡耐基说过："一个对自己的内心有完全支配能力的人，对自己有权获得的任何东西也会有支配能力。"所以，获得一个良好的心理状态，寻求心理上的平衡，很重要的一点就是要始终保持一个成功者的心态，设定自己是个成功的人物，这样，就会发挥出极大的热情和自信去面对前进道路上遇到的各种艰难险阻。虽然还未成功，但这种自我造就的心理成就感会促使自己朝着成功的目标迈进。

一个人能否成功，关键在于他的心态。成功者一定是拥有积极心态的人。所以，不是命运让你的人生不景气，而是你的消极心态消减了你成功的力量。

仔细观察、比较一下成功者与失败者的经历，我们也会发现，心态决定一个人的成败。

非洲气候炎热，所以那里的人都光着脚。先后有两个推销员去那里推销鞋子。

第一个推销员来到非洲，看到那儿的人都打赤脚，他很失望，说："这些人都打赤脚，怎么会要我的鞋呢？"于是带着满脸的沮丧而回。

不久，另一个推销员也来到非洲推销鞋子，当他看见那儿的人都打赤脚，惊喜万分地叫道："这儿的人都不穿鞋，这鞋子市场太大啦。"

随后，他想方设法让非洲人购买鞋子。最后，他赚了个盆满钵满。

很多时候，世界随着心态的改变而不同。所以，假如你不幸遭遇人生的阴霾，那么请你相信自己，用积极乐观的精神控制自己。也只有充分相信自己，你才会将内心的悲观失望和消极颓废赶走，活出一个不一样的人生。

◎ 相信自己有未来，成功就是拒绝消极观念

消极的观念是消磨精神的"敌人"，能把人积极的品性蚕食掉。所以，只有拒绝让消极的观念侵入大脑，积极面对人生的人才有可能成大事。而拒绝消极观念，正是一个人相信自己的体现。

一位记者曾到芝加哥大学访问罗伯特·哈金斯校长，请教他是如何对待生活中的不利因素的。他的回答是："我一直遵循已故的西尔斯百货公

司总裁朱利斯·罗森沃德的建议：如果你手中只有一个柠檬，那就做杯柠檬汁吧！”

这正是那位芝加哥大学校长所采取的方法，但有些人却刚好反其道而行之。有的人发现命运送给自己的只是一个柠檬，就会立即放弃，并说：“我完了！我的命怎么这么不好！一点机会都没有。”于是他与世界作对，并陷于自怜之中。而如果是一个聪明人得到了一个柠檬，他会说：“我可以从这次不幸中学到什么？怎样才能改善我目前的处境？怎样把这个柠檬做成柠檬汁呢？”

伟大的心理学家阿德勒穷其一生都在研究人类心理，他曾经宣称他发现了人类最不可思议的一种特性——“人具有一种反败为胜的力量”。瑟尔玛·汤普森所发现的正是耶稣诞生前500年希腊人发现的真理：“最美好的事往往也是最困难的。”哈里·爱默生·佛斯狄克在20世纪再次重述它：“真正的快乐不见得是愉悦的，它多半是一种胜利。”没错，人生的快乐来自一种成就感，一种超越的胜利，一次将柠檬做成柠檬汁的经历。

一位住在佛罗里达州的农民，将有毒的柠檬做成了可口的柠檬汁。

当他买下农地时，心情异常低落。土地贫瘠，既不适合种植果树，也不适合种庄稼，甚至连养猪也不适宜。除了一些矮灌木与响尾蛇，什么都长不了。后来，他忽然想到要利用这些响尾蛇。于是不管大家的惊异，他开始生产响尾蛇肉罐头。之后的几年，几乎每年都有平均两万名游客到他的响尾蛇农庄来参观，他的生意特别兴隆。他将毒液抽出后送往实验室制作血清，蛇皮以高价售给工厂生产女鞋与皮包，蛇肉装罐运往世界各地。甚至当地邮局的邮戳都盖着“佛罗里达州响尾蛇村”，可见当地人很是以这位把毒柠檬做成甜柠檬汁的农民为荣。

许多成功者因为相信自己，在不忧不愁中自学成才，传奇人物阿尔·史密斯就是这样一位人物。

阿尔·史密斯的童年非常不幸。父亲去世后，靠父亲的朋友帮忙才得以安葬。他的母亲在一家制伞厂上班，一天工作10个小时，再带些零工回来做，常常做到晚上11点钟。

阿尔·史密斯就是在这种环境下长大的。一次，他参加教会的戏剧表演，觉得表演非常有趣，就开始训练自己的演说能力。30岁时，他当选为纽约州议员。不过对接受这样的重大责任，他还没有准备妥当，他搞不清楚州议员应该做些什么。之后，他开始研读冗长复杂的法案，这些法案对他来说就像天书一样。他被选为森林委员会的一员，可是因为他从来不了解森林，所以他非常担心。他又被选入银行委员会，可是他连银行账户也没有，因此他十分茫然。如果不是耻于向母亲承认自己的挫折感，他可能早就辞职不干了。绝望中，他决定一天研读16个小时，把自己无知的酸柠檬做成知识的甜柠檬汁。因为如此努力，他由一位地方政治人物逐渐提升为全国性的政治人物，《纽约时报》尊称他是“纽约市最可敬爱的市民”。

就在阿尔开始自我提升后的10年，他成为纽约州政府的活字典。他曾连任四届纽约州州长——当时还没有人拥有这样的纪录。

1928年，阿尔当选为民主党总统候选人。包括哥伦比亚大学及哈佛大学在内的6所著名大学，都曾颁授荣誉学位给这位年少失学的人。

哲学家尼采认为，优秀杰出的人“不仅能忍人所不能忍，并且乐于进行这种挑战”，阿尔就是进行这种自我挑战的杰出人物。

一些社会学家曾对许多身体有缺陷的成功者进行分析，最后得出结论：这些人大部分是因为某种缺陷激发了自己的潜能。正像威廉·詹姆士所说：我们最大的弱点，也许会给我们提供一种出乎意料的助力。人生的道路注定不会是一帆风顺，要成功，一定要学会不忧不愁，拒绝让消极的观念侵入我们的大脑！相信明天会更好，我们的人生就会更好。

◎ 相信自己还有希望，上苍就会给你一份惊喜

遇到事情，不管有多么难，都不要用悲观消极的心态去猜想那未知的未来，因为好事有可能变成坏事，而不幸又可能蕴藏着机会，关键在于你用什么样的心态去对待它们。一个相信自己拥有未来的人，总能看到充满希望的未来，总能看到美好的事情，总有更大的动力驱使自己前进。

《我的青春谁做主》中有这样一句经典的台词："坚强的理由是因为人的心里还有希望，心若没有希望栖息的地方，生活也就失去了光彩。"

人活在世上，不能没有希望，就像不能没有阳光、空气、水和食物一样。那么，希望到底是什么？希望是生活中某个幽暗角落里的耀眼阳光、是一直守候在你身边的人生信念，有了它，就有了生活的方向和动力，每向前一步就意味着又向幸福迈进了一步。失望无非就是躲在希望身后见不得光的影子，那根本影响不了你正常的生活，因为希望永远在照亮着你前进的方向。

法国著名作家莫泊桑说过这样一句话："人是靠希望活着的，当旧的希望变成现实、或者消失了，就会有新的希望继续燃烧起来，如果一个人的生活中没有新陈代谢的希望存在，他的生命实际上也就失去任何意义了。"是的，只要心存希望，就会发生奇迹，就算希望茫茫无期，它也能让人的信念永存。

如果说绝望是痛苦的酵母，那么希望就是通往幸福的桥。每天给自己一个希望，就是人生幸福的智慧。因为有了希望，凡事才有成功的可能；因为有了希望，你才会去拼搏。一旦有了希望，你的人生才会有目标，你才可以在它的指引下，坚持不懈，直到获得自己的幸福。

有一位教授，素以才学兼备而深得学生的爱戴。

非常不幸的是，在一次例行体检的时候，教授被诊断出患有癌症。这无疑是一个晴天霹雳，顿时使得他的情绪低落了下去。

不过，教授很快接受了事实：一扫起初的满面愁容，变得更宽容、更珍惜眼前的一切了；当然，在勤奋工作之余，也从未放弃过与病魔作斗争。

就这样，教授安然地度过了好几年，直到现在依然活得很快乐。

有人问教授是怎么回事，却见他笑盈盈地答道："是希望，几乎每天早晨我都给自己一个希望，希望我能多辅导一个学生，希望我的笑容能温暖每一个人。"

每天给自己一个希望，也就是给自己一个目标、一点信心、一点战胜自我的勇气。如此，也就是抓住了人生的快乐，不但可以收获快乐，而且还会让人生不断丰盈。

亚历山大在远征波斯之前，将所有的财产分给了部下，其中有个大臣惊讶地问道："陛下，你不带点什么吗？"

"我带了希望，我只带希望这个财宝。"亚历山大回答说，"是的，希望是一种宝贵的财富，在顺境中，它让你更有激情；在逆境中，它是你坚持下去的理由，人生因为有了希望而变得更有意义、更快乐。"

希望，是让生命获得激情的催化剂，是一种对未来的憧憬，是人生的活力之源。没有希望，人生就会像没有盐的饭菜一样，索然无味。这正如一位哲人所说的那样："在人的一生中，最重要的财富不是名利，也不是地位，而是那像火焰一般燃烧着的希望。"一个人，就算他拥有了全世界的财富，如果没有了希望，也不会获得激情满溢的心境。希望之处，才会有生生不息的快乐泉源。

每天给自己一个希望，就会得到一份快乐的心情，能让自己坦然地面对人生中的一切困难与挫折；每天给自己一个希望，就是给自己一个信心，能让自己激发生命的能量；每天给自己一个希望，不为昨天而后悔，就不会为明天而烦恼。

◎ 不要否定自己，好心态可以创造奇迹

如果你不能改变世界，那你就得改变自己。改变自己的最好方法是拥有好心态，它能使你转败为胜，将弱点转化为力量。你若想成功，那你就一定要拥有好心态。拥有了好心态，就算你穷得只剩下一元钱，你也能把自己打造成一位富翁。

一个人破产了，所有的东西都被拍卖得一干二净。口袋里的一元钱及一张回家的火车票就是他全部的资产。

当从深圳开出的143次列车开始检票的时候，他百感交集。“再见了！深圳！”一句告别的话，还没有说出，就已泪流满面。

“我不能就这样走了！”在跨上车门的那一瞬间，他又退了回来。火车开走了，他留在了站台上，口袋里放着他悄悄撕碎了的那张火车票。

他攥着那一元硬币，来到一家商店的门口。花五毛钱买了一支儿童彩笔，另外五毛钱买了4个“红塔山”的包装盒。

在火车站的出口，他举起一个牌子，上书“出租接站牌（一元）”几个字。当晚他吃了一碗加州牛肉面，口袋里还剩18元钱。5个月后，由4个包装盒发起的“接站牌”变为40个用锰钢做成的可调式“迎宾牌”，火车站附近有了他的一间房子，手下有了一个帮手。

3月的深圳，春光明媚，此时各地的草莓蜂拥而至。10元一斤的草莓，第一天卖不掉，第二天只能卖5元，第三天就没人要了。他来到近郊的一个农场，用出租“迎宾牌”挣来的1万元，购买了3万个花盆。第二年春天，当别人把摘下的草莓运到城里时，他则把栽着草莓的花盆运进了城。不到半个月，3万盆草莓销售一空，深圳人第一次吃上了真正新鲜的草莓。他也第一次领略了1万元变成30万元的滋味。

要吃即摘，这种花盆式草莓，使他拥有了自己的公司。他开始做贸易。他异想天开地把谈判地点定在五星级饭店的大厅里，那里环境幽雅且不收费。两杯咖啡，一段音乐，还有彬彬有礼的服务员。他为和美国耐克鞋业公司成功签订贸易合同而欢欣鼓舞，他为没人知道这个秘密而兴奋。总之，他的事业开始复苏了，他有一种重新找回自己的感觉。

1995年，深圳海关拍卖一批无主货物，有1万双全是左脚上的耐克皮鞋，无人竞标，他作为惟一的竞标人，以奇低的拍卖价买下了它。他相信一定有1万双右脚上的耐克鞋存在，他留心打听着，结果1996年，在蛇口海关已存放了一年的无主货物——1万双全是右脚的耐克皮鞋急着处理，他得到消息，以残次旧货的价格拉出了海关。

这次无关税贸易，使他作为商业奇才一跃登上了香港《商业周刊》的封面。现在他作为欧美13家服饰公司的亚洲总代理，正在力主把深圳的一条街变成步行街，因为在这条街上有他的12个店铺。

只够买一瓶水的一元钱，能打造出一条街来，这不能不说是奇迹。奇迹发生的关键，就是处于低谷时相信自己能改变现状，而不是在自暴自弃中听凭命运的安排。

其实，只要保持好心态，奇迹可以在任何人身上发生。

曾有两位年近70岁的老太太，一位认为到了这个年纪可算是人生的尽头了，于是开始料理后事；另一位却认为一个人能做什么事不在于年龄的大小，而在于有什么样的想法。于是，她在70岁高龄之际开始学习登山，后来，她还以95岁高龄登上了日本的富士山，打破了攀登此山年龄最高的纪录。她就是著名的胡达·克鲁斯老太太。

这两位老人的最大差别就在于她们的心态不同。而成功人士的首要标志，就是良好的心态。一个人如果具有好心态，能进行积极思维、平和地接受挑战和应付麻烦事，那他就成功了一半。拥有好心态的人可以创造奇迹，胡达·克鲁斯老太太以95岁高龄登上了日本富士山的壮举就是这一点的最好证明。

保持好心态，使自己处于不断积极进取的状态中，就能形成自信、自爱、坚强、兴奋等性格特点，这些性格特点可以让自己的能力源源涌出。你若是想改变自己做事的能力，就要改变自己身心所处的状态。一旦拥有了自信自强、积极进取、荣辱不惊、乐观豁达的好心态，你便可以把自己蕴藏的无限潜能充分发挥出来，让自己创造奇迹，做出令人瞩目的成绩。

◎ 不管境遇有多糟糕，守住好心态你就会成功

无论环境如何变化，无论境况如何糟糕，只要坚守住自己的心，保持良好的心态，就能获得成功。

世界冠军摩拉里曾是一个丧失过积极心态的人。

早在少不更事、守着电视看奥运竞赛的年纪，摩拉里的心中就充满了梦想，梦想自己成为全世界最优秀的游泳运动员。

1984年，一个实现梦想的机会出现了，但是摩拉里却没能抓住它。他

在洛杉矶奥运会上只拿了亚军，冠军的梦想没有实现，但他没有放弃。

摩拉里重新回到梦想中，回游泳池里，投入到实际的训练中。这一次他的目标是1988年韩国汉城奥运会的金牌。但他没有想到的是，他的梦想在奥运预选赛时就烟消云散，他竟然被淘汰了。

跟大多数人一样，摩拉里变得很沮丧。之后他便把这份梦想深埋心中，跑到康乃尔去念律师学校。有3年的时间，他很少游泳，他不敢正视自己的梦想，但心中却始终有股无法抑制的烈焰在燃烧着。在离1992年巴塞罗那奥运会比赛不到一年的时候，摩拉里终于决定再孤注一掷一次，一定要实现自己的冠军梦想。他的目标是赢得百米蝶泳冠军。而这类游泳是属于年轻选手们的，对他的年龄来说，挑战性很大。就在他努力训练期间，他的母亲因癌症不治而离世。他没有被悲痛击败，而是用坚强的意志约束自己，加强训练。

最后，他成功了，在脑海里想象了无数次的领奖场面终于梦想成真了。那一天，他真的站在领奖台上，颈上挂着令人骄傲的金牌，看着星条旗冉冉升起，听着美国国歌雄壮地响起。

凭着积极心态，摩拉里找回了昔日的梦想，继续了自己明亮的人生之路。

摩拉里虽然也曾在奥运会预赛中被淘汰，也曾因此而变得泄气，但是他最终还是守住了好心态，从而也守住了昔日的成绩，而且还取得了更大的成功。

良好的心态对人生起到至关重要的作用。面对日益激烈的社会竞争，面对突如其来的打击，面对复杂的社会人际关系，要善于调整自己的心态，守住好心态，才能让自己永远立于不败之地。

有些人只是暂时拥有好心态，当他们遇到了挫折，就失去对它的信心，将好心态翻转为坏心态，以失败来麻痹自己，来封闭自已，从而使结果越来越恶化。

“格里尔”是一匹著名的良种赛马，它曾经取得过许多次赛马比赛的好成绩。它被认为是1902年7月比赛中的种子选手。事实上，它的确是很有希望获胜的，它被精心地照料、训练，并被广告宣传为惟一能获得一个机会击败在任何时候都占优势的赛马“战斗者”。1902年7月在阿奎德市举行的德维尔奖品赛中这两匹马终于相遇了。那天是一个极为庄严隆重的日子，万众瞩目着起跑点。当这两匹马沿着跑道并列跑时，人们都清楚“格里尔”是在同“战斗者”作殊死的搏斗。跑了1/4的路程，它们不分高低，跑了一半的路程，跑了3/4的路程，它们仍然不分高下。在仅剩1/8路程的地方，它们似乎还是齐头并进。然而就在这时，“格里尔”使劲向前窜去，跑到了前面。这时是“战斗者”骑手的危急关头，他在赛马生涯中第一次用皮鞭持续地抽打着坐骑。“战斗者”猛冲到前面，同“格里尔”拉开距离，相比之下“格里尔”好像静静地站在那儿一样。比赛结束时，“战斗者”比“格里尔”领先7个身长。

“格里尔”原是一匹精神昂扬的赛马，是一匹很有希望的赛马。仅是这次经历却把它彻底打败了，它从此消极、悲观、一蹶不振。后来它在一切比赛中都只是应付一下，终没再获胜。

人虽然不是赛马，但是有“格里尔”精神的人却大有人在，他们也象“格里尔”一样，在好心态的带领下也曾经有过辉煌的时刻，但是当他们一遇到挫折，就把曾经引领他们走向成功的好心态甩到一边，他们悲观、失望，看不到希望的灯火，从此一败涂地。

态度决定成败，无论情况好坏，都要抱着好态度，不能让沮丧取代热情。生命可以价值极高，也可以一无是处，就看你怎么选择。你的成就大小，往往不会超出你的期望的大小。不热烈地希求成功、期待成功，就能取得成功，这是不可能的。强烈的期望会给人以驱动力，只有好心态才能供给产生驱动力所需的燃料。

为了事业的成功和生活的幸福，必须守住好心态。只有守住了好心态，才能在痛苦中抓住欢乐，在压力下放松自己，在绝望中摆脱烦恼，在失败中找到希望。每天给自己一个希望，每天都将拥有好的心情。

人的价值是由自己决定的，你的心态就是你真正的主人。不要让你的心态使你成为一个失败者。在被玫瑰刺过之后，再一次面对玫瑰时，你要看到柄上花，而不要只看茎上刺，只有这样，你才能花香满怀。

◎ 贫穷不是天生的，积极心态更容易获取财富

具备积极的心态，是拥有财富的必要条件之一。这是因为，抱着积极的心态不断地努力，更容易接近你所要寻找的财富目标，而且会帮助你最终拥有这些财富；而当你受到消极心态的影响，在距离目标只不过一步之遥时你却停了下来，那么财富也就与你擦身而过了。

奥斯卡毕业于麻省理工学院，是一个很有学识的年轻人。他曾将旧式的探矿杖、电流计、磁力计、示波器、电子管和其他仪器结合成勘探石油的新式仪器。

一次，奥斯卡被东部的一个公司派往西部的沙漠地区勘探石油，他在43摄氏度的高温条件下已经呆了好几个月。可是，突然传来消息，他所在的公司因无力偿付债务而破产了。这意味着，他失业了。奥斯卡不得不踏上归途，面对暗淡的前景，他开始变得急躁和愤怒，心态非常消极。

由于他必须在俄克拉荷马城的火车站等待几个小时，他就在那儿架起了自己的探矿仪器用以消磨时间。这时，仪器上的读数表明车站地下蕴藏有石油。但是此时的奥斯卡已被消极心态左右了神智，他不相信这个探测结果是真的，他在盛怒中踢毁了那些仪器。“这里不可能有那么多石油！

这里不可能有那么多石油！”他反复地怒吼着。

然而，事情并非如此，在奥斯卡离开俄克拉荷马城不久之后，人们就发现在这座城市的地下藏有丰富的石油，甚至可以说是这座城就飘在石油上。

奥斯卡苦苦寻觅的财富就在他自己的脚下，但是由于消极心态的影响，他对自己的创造力失去了信心，亲手毁掉了用以勘探石油的新式仪器，从而也丢掉了一个全美最富饶的矿藏地。

每个人都需要财富，但不是需要的人都能拥有它，要吸引财富，除了要花时间从事研究、思考和计划外，还要有积极的心态。

1923 年，雷石东出生在美国波士顿一个清贫的犹太人家庭；17 岁就读于美国哈佛大学；20 岁被选拔服役，从事破译日军电报密码工作；31 岁时，他放弃了给他带来丰厚收入的律师事务所的工作，开始了第一次创业，经营“国家娱乐有限公司”；几十年后，他积累了 5 亿美元的财富。

然而，在他 56 岁的时候却发生了一场不幸。他在参加华纳兄弟公司的一个聚会时，在酒店遭遇了火灾。火灾中，雷石东身体 45% 的皮肤被大火烧伤，右手腕也几乎脱离了身体。对于一个 56 岁的人而言，生存俨然成为一个严峻的问题。但是，雷石东凭借着自己那种坚忍不拔的意志，与死神展开了激烈的搏斗并最终获得了胜利，度过了生命中最艰难的岁月。

63 岁时，雷石东第二次创业收购了维亚康公司；70 岁时收购了派拉蒙电影公司；76 岁时，收购了哥伦比亚广播公司；78 岁时，被《福布斯》评为全球排行第 18 位的富豪；2005 年，82 岁的他还管理着全球最大的传媒娱乐公司，并且积极地进军中国传媒市场，为事业发展再创高峰。

消极心态是获取财富的绊脚石，一个人只有具备了积极的心态，才可以勇敢地面对许多棘手的问题，消除在寻求财富、创造财富过程中所出现的障碍，最终成为一个拥有财富的人。

◎ 会转弯才会有幸运，不要从坏的一面看问题

很多人总会为遗憾的事感到不快，似乎是遗憾造就了人生的痛苦。其实，人生的很多痛苦不是缺憾造成的，而是一个人心态选择的结果。

一场大水冲垮了她家的泥屋，家具和衣物也都被卷走了。洪水退去后，她坐在一堆木料上哭了起来：为什么自己这么不幸？以后该住在哪儿呢？镇里的表姐带了东西来看她，她又忍不住跟表姐哭诉了一番，没想到表姐非但没有安慰她，还斥责起她来："有什么好伤心的？泥房子本来就不结实，你先租个房子住段时间，再盖砖瓦的不就好了！"

故事中的女人就是生活中悲观者的代表，他们遇事总是拼命往坏的一面想，自找烦恼，死钻牛角尖，不问自己得到了什么，只看自己失去了多少，结果情况越来越糟糕，心情越来越低落。其实任何事情都有坏的一面和好的一面，如果能从积极的方面看问题，那么就会有一个截然不同的结果，做起事来也就会更加得心应手。

角度不同，对问题的看法不同，有人积极，有人消极。积极思维者却更愿意从好的方面考虑问题，并通过自己的努力，得到一个积极的结果。所有这一切正如叔本华所言："事物的本身并不影响人，人们是受到对事物看法的影响！"

佛教讲"无常"，凡事可以变好，凡事也可以变坏。悲观的人永远都是想到自己只剩下百万元而担忧，乐观的人却永远为自己还剩下一万元而庆幸。面对金黄的晚霞映红半边天的情景，有人叹息："夕阳无限好，只

是近黄昏。”也有人想到的却是：“莫道桑榆晚，晚霞尚满天。”面对半杯饮料，有人遗憾地说：“可惜只有半杯了。”有人庆幸地说：“尚好，还有半杯可饮。”不同的人对同一件事有不同的心情，不同的心情必然有不同的结果。

每个人都有自己的生活，都有选择精彩人生的机会，关键在于态度。态度决定人生，这是惟一一件真正属于你的权利，没有人能够控制或夺去的东西就是你的态度。如果你能时时注意这件事实，你生命中的其他事情都会变得容易许多。

苏东坡在被贬谪到海南岛的时候，岛上的孤寂落寞，与当初的宾客如云相比，简直判若两个世界。但苏东坡却认为，宇宙之间，在孤岛上生活的，也不只是他一人；大地也是海洋中的孤岛！就像一盆水中的小蚂蚁，当它爬上一片树叶，这也是它的孤岛。所以，苏东坡觉得，只要能随遇而安，就会快乐。

苏东坡在岛上，每吃到当地的海产，他就庆幸自己能到海南岛。他甚至想，如果朝中有大臣早他而来，他怎么能独自享受如此的美食呢？所以，凡事往好处想，就会觉得人生快乐无比。人生没有绝对的苦乐，只要凡事肯向好处想，自然能够转苦为乐、转难为易、转危为安。海伦·凯勒说：“面对阳光，你就会看不到阴影。”积极的人生观，就是心里的阳光！

消极的人多抱怨，积极的人多希望。消极的人等待着生活的安排，积极的人主动安排、改变生活。而积极的心态是快乐的起点，它能激发你的潜能，愉快地接受意想不到的任务，悦纳意想不到的变化，宽容意想不到的冒犯，做好想做又不敢做的事，获得他人所企望的发展机遇，你自然就会超越他人。而如果让消极的思想压着你，你就会像一个要长途跋涉的人背着沉重而无用的大包袱一样，看不到希望，也失掉许多唾手可得的机遇。

第二辑

自卑自怜是一个人平庸无为的原罪

拥有自信心，是一个人成功所必备的条件。相信自己有能力做好每一件事，只有给自己这样的信心，才可以跨出消极心理的圈子，走上成功之路。自信心是一种很大的力量。一个人拥有多少自信，就能成就多大的事业。

◎ 一个人的成功往往源于他对自己的信任

一个人的成功往往源于他对自己的信任。我们可以这样设想：一个胸无大志，自认为无所作为的人，就会自暴自弃，破罐子破摔，这样的人怎么会有所成就呢。

罗纳德·里根是美国第49任总统，他就是一个充满自信的人，在成为总统之前，他只是一个很普通的演员，但他立志要当总统时，就相信自己一定可以成为总统。

从22岁到54岁，里根一直在文艺圈中，对于从政完全是陌生的，更没有什么经验可谈，这可以说是个拦路虎。但当共和党内的保守派和一些富豪们竭力怂恿他竞选加州州长时，里根毅然决定放弃大半辈子赖以为生的原职业，坚决地投入到政治生涯中。结果大家都清楚，里根成为美国第49任总统。

所以说，一个人如果不相信自己能做那些从未做过的事，他绝对做不成。只有领悟到这一点，不依赖于他人的帮助，不断努力，才能成为杰出人物。所以，任何人都要有坚强的意志，要相信自己。

拿破仑亲率军队作战时，军队的战斗力会增强一倍。原因是，军队的战斗力在很大程度上基于士兵们对于统帅的敬仰。如果统帅抱着怀疑、犹豫的态度，全军便会混乱。拿破仑的自信与坚强，使他统率的每个士兵都增加了战斗力。

一个人的成就，决不会超出他自信所能达到的高度。如果拿破仑在率领军队越过阿尔卑斯山的时候，只是坐着说："前面是一座山，难以跨越的高山。"那么，军队就很难鼓起勇气前行。所以，无论做什么事，坚定不移的自信力，都是达到成功所必需的和最重要的因素。

有一次，一个士兵骑马给拿破仑送信，由于马跑的速度太快，在到达目的地时猛跌了一跤，那马就此一命呜呼。拿破仑接到了信后，立刻写了封回信，交给那个士兵，吩咐士兵骑着自己的马，从速把回信送去。

那个士兵看到那匹强壮的骏马，身上装饰得无比华丽，便对拿破仑说："不，将军，我只是一个平庸的士兵，实在不配骑这匹强壮的战马。"

拿破仑回答道："世上没有一样东西是法兰西士兵所不配享有的。"

世界上到处都有像这个法国士兵一样的人！他们以为自己的地位太低微，别人的种种幸福，是不属于自己的，以为自己是不配享有的，以为自己是不能与那些大人物相提并论的。这种自卑的观念，往往成为不求上进、自甘堕落的主要原因。但我们不妨套用拿破仑的一句话来激励自己："世上没有一样东西，是我们所不配享有的。"只要有这份自信，就能与众不同。

◎ 信心加持你的人生：你可以变得更完美

美国有一个外科医生，他以高超的面部整形手术闻名遐迩。他创造了很多奇迹，经整形把许多外表丑陋的人变成非常漂亮的人。渐渐地他发现，某些接受手术的人，虽然手术很成功，但是仍然找他抱怨，说自己在手术后还是不够漂亮，手术没什么成效，自感面貌依旧。

其实，人的美与丑，并不仅仅在于一个人的本来面貌如何，还在于他在心里是如何看待自己的。

心理学家做过这样一个实验：他从一个班的大学生中挑出一个最丑陋、最不讨人喜欢的姑娘，要求她的同学们改变已往对她的看法。在一个阳光明媚的日子里，大家都争先恐后地照顾这位姑娘，向她献殷勤，努力找出她身上值得赞赏的地方来表扬她，大家假戏真做，打心里认定她就是位漂亮聪慧的姑娘。结果出人意料！半年以后，这位姑娘的举止大方得体，跟以前判若两人。

确实，她并没有变成另一个人——然而在她的身上却展现出一种蕴藏的美，这种美只有在相信自己，周围的人都肯定自己、爱护自己的时候才会展现出来。

许多人认为，信心的有无是命中注定的、不变的。其实并非如此。童年时代受人喜爱的孩子，从小就感到自己是可爱的、善良的、聪明的，因此才会获得别人的喜爱。而那些不得宠的孩子呢？人们总是训斥他们："你是个笨蛋、败家子、懒鬼，是个没用的东西！"于是他们就真的形成了这些恶劣的品质。因此要使某个人变好，就应对他少加斥责，最好是帮他提高自信力，修正他心目中的做人标准。

如果想进行自我改造，提高某方面的修养，就应首先改变对自己的看法，要充满自信。不然，自我改造的全部努力就会落空。对真善美的自信更为重要。人总是本能地竭力保持这种自信改造成的形象。若是有人以己之见对自己横加贬低、斥责，甚至谩骂自己是笨蛋、呆子时，自己便心生厌恶，愤然反击。这是人的心理自发地捍卫着自己，捍卫着自己最宝贵的品格——自信心。假如我们在乎的人削弱了我们的自信心，那我们就会真的感到失落，追求真善美的意志就会衰退。所以，自信的魅力就是：它能让我们成为自己想成为和能成为的人。

◎ 相信自己，自信是发挥自我的加速剂

很多实例证明：只要我们对自己有信心，并努力拼搏，就没有什么做不成的事情。所以我们要记住，一个人有多大信心，他发挥优势的能量就会有多大。信心是一种最坚强的内在力量，它能够帮助我们度过艰难困苦，直到曙光最终出现。耶稣说过："走你自己的路，然后事情会和你相信的一样。"居里夫人有句名言："我们应该有恒心，尤其要有自信心！"人生中的坚忍、进取、勇敢、耐心、恒心等许多品质都源于自信。只有非常自信的人，才能发挥自己的优势。

露皮塔是美籍墨西哥人，因为智力很差，从小被列入反应迟钝者之列，没有读完小学她就被学校退学了。16岁那年，露皮塔结婚了，不久生了两男一女。

因为自己不是一个聪明的妈妈，她的孩子被看成是低能者，更可怕的是，孩子们也认为自己就是个低能者——这使她难以接受。

于是，露皮塔决心从自己求学做起，自己帮助孩子！

"你的履历表明，你反应迟钝，可能是智力有问题，我不能推荐你上学。"学校大都这样回答她。

最后，在孩子所在学校校长的建议下，她来到克萨斯南方学院，在她的强烈要求下，学院答应她先试一年，并说如果考试不及格就得走人。

就这样，露皮塔上学了。家里人虽然赞成她的追求，但只是以为要不了多久她就会离开学校，重新回到家里。

在学校里，露皮塔惊奇地发现：自己的能力不比别人差，为什么不能

有一个大学学位呢？她相信自己一定可以取得这个学位。于是，她在南方学院学习的同时，又进了潘·美洲大学学习。在她的努力下。3 年后，她不仅取得了学院学位，还以优异的成绩取得了潘·美洲大学的管理学学士学位。

一般的美籍墨西哥母亲都不上大学，孩子们发现母亲如此的与众不同，自信心也随着增强，觉得自己也不是那么差了。在母亲的鼓励下，他们的能力有所发展，学习成绩一天天地提高。

随着不断地自我提高，1971 年，露皮塔当上了豪斯登大学发起的墨西哥美国文化研究会的理事。1977 年，她取得博士学位，接受了颇具威望的美国教育委员会的会员资格。1981 年，她又被提升为豪斯登大学的教务长助理。后来，里根总统任命她到全美司法顾问委员会研究所工作。接着，她又获得了各类荣誉：豪斯登大学授予她杰出教学奖，墨西哥瓜达拉哈拉自治大学授予她杰出教育家奖等。

看到自己的母亲如此出色，露皮塔的孩子们也从被视为低能的阴影中走了出来，学习也好起来了。后来，她的 3 个孩子都小有成就，她的长子马里欧成了一名内科医生，次子维克多是位律师，女儿玛莎在攻读法律专业。马里欧说："假如说我们有所作为，那是因为我们的母亲给了我们爱抚、自信和支持，使我们能够有所作为。"

露皮塔有了自信，不仅发挥了自己的优势，也让孩子发挥出该有的潜质。成功各有不同，经历大抵相似。成功人士往往有着不同的出身，从事不同的职业，遭受不同的困难等，但有一点是共同的：他们对自己都充满信心，在成功的路上保持着自爱、自强、自主和自立。

在 NBA 的球场上，科比总会被包围，会成为对手的重点防守对象。但这一切几乎都是徒劳的，因为对手通常阻止不了他得分。因此有人问科比：在对手如此严密的防守下，你为何还能轻而易举地得分？

面对这个问题，科比讲了一个自己的故事：

“记得我第一次参加教学比赛，心里惴惴不安的，感到很紧张。‘这必须得学。’教练声音很平静却透着严厉。我知道，教练从来不认可一切解释和借口，他就像西点军校的教官。因为教练总是对我说：‘我要的是那个问题的答案，我不想听到你没能回答那个问题的任何理由。’

“‘我练了 10 个小时了，感到累了。’我有时也会诉苦。

“‘这对我没有任何意义。我要的是你能理解和执行我的战术。你可以不必去学，或者你可以练上 15 个小时，那是你的自由，但我要的是你理解和运用这一战术。’

“教练的要求对于我来讲太难了，但我还是从中得到了收获。很快，我获得了巨大的勇气，不再害怕教学比赛了。

“一天，教练那冷漠平静的声音在大庭广众之下落在了我头上：‘科比，不对！’

“我们正在进行着教学比赛，他就在场下这样大叫，使我在球场上不知所措，要命的是，喊叫常常出现在我认为是最好机会出手得分的时候，是他阻断了我进攻的进程。

“‘你下来！’一次，教练喊我。

“我坐了下来，‘你糟糕透了。’教练说。我觉得莫名其妙。

“我看到，另一个队友也被‘不对’声打断了，但他并不理睬教练，直到打完为止。奇怪的是，当他坐下时，得到的教练评语是‘非常好’。

“‘这不公平。’我埋怨道，‘我打的和他一样，你却说不对！’

“‘那你为什么不坚持往下打呢？告诉你科比，仅仅了解篮球的技战还不够，你必须深信你的行为能有效地得分。在 NBA，没有自信你什么都学不到。如果全世界都说‘no’，你也不要理睬他们，你要做的就是证明给人看。’”

科比说，教练给自己最好的教益就是让自己赶走了那份自卑心理，让自己有了依靠、信赖自己的能力。后来，在 NBA 的赛场上无论遇到怎样的严密防守，他都会坚信自己一定能命中得分。如果他不学会自信，他至今也还会是一个弱者，一个篮球场上默默无闻的人，至少不会有现在这般优秀。

喜剧大师卓别林这样说过："人必须有自信，这是成功的秘密。无论要面对什么样的未来，只有保持自信才能让人不断地发挥出自己的聪明才智。有了自信心之后，才有创造未来的可能。"面对好的机会，我们不要胆怯，不要自卑，要充满激情和动力，这样才能发挥自己的才能。

◎ 克服自卑的心理，相信自己能行你就行

很多人不是因为别人看不起自己，垂头丧气，而是因为自己总是爱贬低自己，才使得自己变得无精打采，毫无斗志。这些人夸大了自己身上的缺点。

实际上，上帝创造的人类一点也不卑劣，一点也不堕落，人类身上卑劣和不好的一面都是自己造成的。由于我们总是往坏的方面、差的方面想，因而总会认为自己渺小、无能。如果我们想突破自卑的境地，那就应该向上看，多想想自己好的、崇高的一面。

如果我们本身就是贵族群体，如果我们的血管里流着贵族的血液，如果我们继承了上帝的崇高道德品质，那么，我们就应该用庄严和肯定的口吻勇敢地、充满英雄气概地宣布自己与生俱来就应该享有的权利。

被称为"世界最伟大的推销员"的乔·吉拉德就是经过了挑战自我的过程，才有了最终的成就。

乔·吉拉德于1929年出生在美国一个贫民窟，从他懂事起就开始为生存而从事一些简单的工作。他做过擦皮鞋的鞋匠、报童、洗碗工、送货员、电炉装配工和住宅建筑承包商等等。可以说在他35岁以前，他在事业上一路坎坷，只能算一个全盘的失败者，不仅仅是朋友离他而去，还有一身的债务困扰着他，就连妻子、孩子的吃喝都成了让人头疼的问题。

乔·吉拉德从小就有严重的口吃毛病，他换过40多个工作仍然一事无成。最后，他卖掉了汽车，开始了他的推销生涯。

乔·吉拉德对推销的行业并不了解，但他总是反复地对自己说："你认为自己行就一定能行。"这已经成了他多年的口头禅。正是他的这种勇气使他走出了第一步。每拜访一个顾客，他总是恭敬地把名片递过去，不管是在街上还是在商店里，他抓住一切可以推销的机会，推销他的产品。正是因为他不懈的努力，那种一定能够胜任本项工作的精神推动着他。3年以后，他成为全世界最伟大的推销员。

一种不把自己看低的心态，使他在短短的3年内被吉尼斯世界纪录称为"世界上最伟大的推销员"。至今这个一直被欧美商界称为"能向任何人推销出任何商品的神奇人物"还保持着平均每天卖6辆汽车的销售纪录——这是件惊人的事情。

1888年，法国巴黎科学院发起关于"刚体固定点旋转问题"有奖征文。这次征文活动和以往略有不同，科学院考虑到知识和人格是科学事业腾飞的双翼，于是，要求所有征文作者除提供论文外，还必须附上一条格言。在许多应征的论文中，来自俄国的38岁女数学家苏菲·柯瓦列夫斯卡娜提供了一句极富哲理的格言：说自己知道的话，干自己应干的事，做自己想做的人。

苏菲·柯瓦列夫斯卡娜一直都在实践着自己的格言。在19世纪这个女性被歧视、被压迫的时代，她成为第一个走进法国巴黎科学院大门的女性，也是第一个数学史上的女教授。

其实，每个人都有自己的格言，都能够成为自己格言的实现者。你要知道自己应该做什么，能做什么，只有这样你才会有一种“仗剑行四方”的满足感，也就避免了“举目茫然”的境地。如果你以征服者的心态对待人生，就会留给人们这样的印象，即相信自己将来会有所成就，而且这种信心是坚强有力的，是充满必胜信念的；如果你以屈服者的心态面对人生，就会以悔恨、自我贬损和逃避他人的心态出现在世人面前。正是这两种不同的心态造成了世界上人与人之间的差别。

通常，一个人最大的缺陷就是缺乏自信心。绝大多数人都信心不足。一个胆怯、害羞、敏感的人，如果不断地教导他相信自己，开导他不要陷入自我贬低的泥潭，让他相信会有光辉灿烂的前途，那么他一定能成为社会有用之才。对他进行不断地训练、调教，就可以使他充满坚强的自信心。这种坚强的自信心不仅能增加他的勇气，同样也能加强其他方面的能力。

一个人目前的能力是不是很强，这一点不太重要，因为他的自我评估将决定努力的结果，将决定是否能取得成功。一个对自己信心很强但能力平平的人所取得的成就，往往比一个具有卓越才能但自信心不足的人所取得的成就大得多。

低劣、平庸的自我贬低所产生的有效力量远没有伟大、崇高的自我评价所产生的有效力量强大。如果你形成了伟大、崇高的自我评价，那么，你身上的所有力量就会紧密团结起来，帮助你实现理想，因为精力总是跟随你确定的理想走。

一定要对自己有一种高尚的自我评价，一定要相信自己有非同一般的前途。如果你坚持不懈地努力达到最高的要求，那么，由此而产生的精神动力就会帮助你去实现心中的理想。

◎ 相信自己，你才能得到人们的信任

如果一个人给别人一种非常胆怯、从来不相信自己、无法独立做出判断、总是依赖别人意见的感觉，那么他就不能得到人们的信任。而自我贬低的不良习惯又对一个人性格的培养极具腐蚀作用，会打击他的自信心，扼杀他的独立精神，使他找不到生活的精神支柱，让他毫无力气为自己的命运拼搏。

艾茉莉是来自美国新泽西州的学生，也是她所在镇里惟一来哈佛读书的人。在她准备起程到哈佛上学前，当地的人都为她能到哈佛上学而感到自豪，她自己也庆幸能有这样好的机遇。

但是，艾茉莉的兴奋劲还没过，就突然对自己的感觉越来越糟糕了。她在哈佛过得很辛苦，上课听不懂，说话带口音。

更让她受不了的是，许多人都知道的事她却一无所知，而许多她知道的事别人却又觉得好笑。她开始后悔自己到哈佛来。

感到孤独无比的艾茉莉，觉得自己是全哈佛最自卑的人，无奈之下，她去看了心理医生。

心理医生对她是这样诊断的：她已跨入了个人成长的“新世纪”，可她对已经过去了的“旧世纪”仍恋恋不舍；她面临的是乡镇文化与都市文化的冲突；她没有想到，哈佛对她来说，不仅是知识探索的殿堂，也是文化融合的熔炉。

她对生活的种种挑战，不是想方设法加以适应，而是缩在一角，惊恐地望着它们，哀叹自己的无能与不幸；她对能来哈佛上学这一辉煌成就已

感到麻木不仁。

她的眼睛只盯着当前的困难与挫折，没有信心去再造就一次人生的辉煌；她以高中生的学习方法去应付大学生的学习要求，自然是格格不入，她抱残守缺，不知如何改变。

她因为自己来自小地方，说话土里土气，做事傻里傻气，就认定周围的人在鄙视她，嫌弃她。可她没有意识到，正是因为自己的自卑，才使周围人无法接近她，帮助她。

总而言之，艾茉莉的问题核心就在于：她往日的心理平衡点彻底打破了，她需要在哈佛大学建立新的心理平衡点。

为此，心理医生实施的治疗方法是：要她找回自信心。

首先，他要艾茉莉看到在哈佛上学的不适应是普遍现象，要她产生一种还有许多人和自己一样的平衡感。

再次，他要艾茉莉多参加一些活动，多和别人接触，不要把自己关闭在自己的世界里。

就这样经过一系列的心理治疗，艾茉莉在心中重新埋下了自信的种子。她学会了交往，并交到了许多知心的朋友，自己的学习也有了很大的进步。

自我责备、自我贬低是最具破坏力的心态之一。有些人经常以这样的方式伤害自己，似乎表明自己是一个渺小的人，一个毫无价值的人。与别人相比，自己简直一无是处。不管去哪里，总是坐到最后一排，或者想尽办法逃离人们的视线。

在人的天性中，的确存在着这种令人鄙视的弱点。人们喜欢那些勇敢的人，他们昂首行走在人群中，精神自由，思想独立，过着自己想过的生活。

1999 年，南非 22 岁男子乔司文森拿到了美国麻省理工大学博士学位，却在参加面试时同导师菲克教授激烈地辩论起来，教授非常生气。他们的争吵声响彻了整个走廊。

“就凭你那个实验方案，我马上就可以指出不下十几处错误。”菲克教授大声说。

“这只能表明这个方案不成熟，要是能接受我成为你的学生，我自信可以把这个方案改得完美。”乔司文森不客气地说。

“我是这样想的。”乔司文森说，“我知道麻省已经不会录取我了。”

但是，没想到，秘书在宣布录取名单时读到了“南非的乔司文森”。

菲克教授站了起来，当着众人的面对他说：“你看，我的孩子，你骂了我一个小时，但我还是决定录取你。因为，我要你尽情地在我的支持下反对我的理论，如果事实证明你是错的，我将十分高兴。如果你是对的，我将更加高兴。”乔司文森深受感动，他终于可以如愿以偿，成为麻省理工大学的学生了。

爱默生说：“如果一个人不自欺，也将不被欺。”拥有坚定和自信的个性，就不会自欺欺人。相信自己，就总能对自我和生活做出积极的、实事求是的评价，就可以不断塑造自己的品格。在生活中，不要无端地低估自己，鄙视自己。

完全认可自己、忠实自己，是一个人最宝贵的品质。如果一个人在内心没有对自己完全肯定，即使拥有金钱和地位，也没有办法得到真正的满足。

人心中应该有一股神圣的力量，激励自己自由健康地发展。人应该胸怀壮志、力争完善自我，而不是只顾挣钱、满足于财富的积累。

不管一个人多么贫穷，只要他在不断进步，即便是缓慢的进步，生活也是健康向上，充满希望的。但是，一旦他不再进步了，不再向更高、更深、更强的方向发展，生活就会变得死气沉沉、平庸至极。

◎ 敢说“我是第一！”你就会成为与众不同的人

在生活中，我们经常看到有些人能力并不十分突出，但是却成功了，而我们能力强过这些人，但取得的成就反不如他们，甚至于一败涂地。冥冥中，是有某种神秘的命运在帮这样的成功者，有某种东西总是在遏制我们成功。是什么左右成功呢？告诉你，是自信。活得不算成功，甚至是失败了，这一定是自身出了问题，很多时候，是不自信把自己打败了而已。

所以，在撷取成功的道路上，无论别人如何看低你的能力，你绝不能容许自己怀疑自己能成就一番事业的能力，都不要对自己能否成为杰出人物心存疑虑。所以，要相信自己“我就是第一！”，给自己打打气，你就会信心满满，你就会成为一个与众不同的人。

基安勒是美国最著名的推销大师之一，他曾一度改写了推销史上的吉尼斯世界纪录。

基安勒随父母移居到美国，在当时的美国，像他们这样贫穷的移民地位低下，根本得不到应有的尊重。基安勒时常遭受其他孩子的欺负，因此，痛苦和自卑的情绪一直笼罩着他。

有一天，他忍不住大声质问父亲：“为什么我们会这么穷？”

父亲则对他说：“这就是命呀。孩子，我们这一辈子能这样就很不错了。”

父亲的话让他很沮丧，他不知道自己的出路在哪，他因此陷入了深深的苦闷之中。

幸运的是，母亲看到他天天无精打采的样子，就鼓励他说：“基安勒，你要永远记住，你在我的心里是第一，没人能比不上你；在这个世界上，你更是独一无二的。”母亲的话让基安勒看到了自己在世界上的位置——独一无二的，从此，他认定自己就是第一，没人比得上他。

第一次去应聘时，基安勒没有准备自己的名片和简历，而是装了一张扑克——黑桃A。在很多地方，黑桃A代表了最大和最强。

当面试他的老板收到这张扑克的时候，直盯着他的眼睛问他：“你怎么给我一张黑桃A？”

“没错。因为我就是黑桃A！”他坚定地说。

“你为什么就是黑桃A？”老板问。

“因为黑桃A代表第一，而我刚好是第一。”基安勒自信地说。

老总笑了。他被录用了。

后来，基安勒成功了，而且是真正的世界第一。他一年推销1425辆车，创造了吉尼斯纪录。

有人说，基安勒能够从一个默默无闻的穷小子一跃而为推销大师，秘诀就在于他每天都会告诉自己说：“我是第一，我是第一。”长期的这种鼓舞性的暗示坚定了他的信念和勇气。他的个性由此得到强化，并逐步成熟起来。自信贯穿于他的事业，奠定了他成功的基础。

生活中，假如有人带有藐视性地问你：“你算第一？”你该怎样回答？如果你渴望自己的人生与众不同，就应该果断地回答：“当然是第一！”多对自己说“我是第一！”能让你活得更有底气，更有动力。人人都渴望成为第一，不管能否成为现实，至少要在意识里播种争第一的信心。这样，你的个性才会真正成熟起来，你的能力才能得到最大限度的发挥。

◎ 踢开自卑的绊脚石，让人生充满阳光

自卑就是自认各方面不如别人的一种心态，是不利于创立成功人生的坏心态。其实，只要不是超人，都会有不如别人的某些方面，但是无论是生理的还是心理的不足，都不能决定你的生命是否精彩。关键在于你如何看待自己的不足，是让它成为你的绊脚石还是前进的推动力。现推荐几个方法，不妨一试：

1. 尽力发泄法。自卑者一般都是性格比较内向不善于表达的人，当这种不良情绪产生时，大都沉默少言，极力躲闪周围熟悉的事物。事实上这样并不利于自卑者缓解压抑的心情，正确的做法是找亲朋好友或心理医生将自己内心的自卑情绪发泄出来，且发泄得越彻底越好。

2. 自我认知法。自卑的人特别看中他人对自己行为的看法和反应，很少对自己的行为、形象进行直接、客观的观察和评价，而且不自信的人还特别注重他人的否定评价，因此常常形成“既然大家都认为我不行，那我一定是不行的”的错误思想，这就是自我暗示心理造成的不战自败的结局。这时，最应该做的不是“知难而退”，而是静下心来理性分析一下自己，让自己决定是做还是不做，决定做就应树立“自己不比别人差”的信念。

3. 精神刺激法。当一个人要处理一件从未接触过的事情时，紧张、惟怕失败的思想肯定是有的，但有的人之所以能成功走到最后，是他能及时调整自己些许自卑的心态，当行为过程中遇到困难时不是停滞不前，而是想办法解决困难。他首先分析事件的轻重缓急，先完成一些简单易

行的工作，循序渐进，对重大疑难的问题慢慢瓦解，一步步地克服，在工作进行过程中不断地给自己打气，始终牢记：即使要行万里路，也要一步一步地走，任何事情的最终成功都是在平时通过一点一滴的努力去实现的。

所以，切忌在中途遇到棘手问题或出现疑难时就怨天尤人，或是垂头丧气、丧失信心，要知道许多事情的结果不是我们能决定的，虽然“谋事在人”，却“成事在天”。当我们通过自己的努力取得哪怕一点成绩时，都应该加以表扬，以此一步步地克服自卑，取得更大成就。

4. 以勤补拙。数学家华罗庚说：“勤能补拙是良训，一分辛劳一分才。”凡事只要尽全力去做，一定会有收获，那些有所成就的人大都勤奋上进。另外，要相信“有志者事竟成”，在遇到波折时不气馁，认真反省，用自己双倍的汗水向自己设定的目标迈进，“不成功，则成仁”。不能总是认为别人一定比自己强大，羡慕别人而贬低自己，那样等待自己的将是一事无成的结果。另一方面，如果一个人知道自己在某些方面存在不足，并下定决心将自己的欠缺加以弥补，对症下药，则是一种难得的品质，也是克服自卑的一种手段，常言道：人贵在有自知之明。

5. 扬长避短法。任何一个人的存在都有价值，存在就是理由。音乐大师贝多芬不到30岁时耳朵开始出现疾病，后来完全失聪。起初他十分痛苦，尽量瞒着别人，避免与人进行语言交流，他曾“痛苦得不出一声”，因为做音乐离不开耳朵，就像跳舞离不开双腿一样。但贝多芬并没有陷入痛苦的泥潭中不能自拔，他更加勤奋，勇敢地面对自己“无声”的世界，用心去编曲，用心去聆听，因而在那段时期他创造了音乐史上的奇迹：他一生中最伟大的作品都是在他失聪以后创作的。

因此，只有主观努力才能决定一个人的最终成功。一个人有缺陷和缺点并不可怕，关键是能否正确对待自己的缺陷，让它成为激发潜能的动力。

6. 多与人交往。人一旦有了自卑情绪，就会将内心封闭起来，不愿与人相处，自卑者之所以选择孤独，在很大程度上是因为自己轻视自己，缺乏建立正常人际关系的信心，从而造成别人也看不起他，不想与其相交相知，因此周围可信任的朋友很少。我们在学生时代大多会有这样的经历：因为求学要到一个完全陌生的环境，这种环境与我们以前的生活环境完全不同，当遇到文化和语言差异而一时难与新环境融为一体时，许多人会产生自卑情绪，使本该快乐的生活笼罩上忧郁的气氛。其实，只要我们理性分析一下，多与周围的新同学接触沟通，时间长了，随着对新环境认识的加深，自卑感会自动化解。

一个人在对己不利的情况下，应该采取的方法是鼓足勇气战胜困境，而不能让挫折走进内心形成自卑，逃避环境，封闭内心。要采取开放的态度，打破自我封闭，多与人交往交流，让关心你的人帮你出谋划策，化解困扰你的问题。不要过分看重自己的挫折与失败，热情地接受别人，让自信的阳光洒向心灵深处。

每一个正常人都或多或少有自卑的心态，只是有的人外露，让自卑主宰了自己的所有性格特点，遮盖了本身的优点，看不到自身的长处。而恰恰相反，有的人在看到自己真的在某些方面不如别人时，他会理智地加以调整，找出自身的优点，扬长避短，用优势掩盖住自己的不足，在心理上承认自卑，在行为上战胜自卑。所有的自卑者都应该认清自己，正确地评价自己，不要让自卑成为成功路上的绊脚石。

◎ 迷失中更需要一份自信，这样方能找到出路

一个人迷失在大森林中，走了两天两夜，仍然无法走出去。他一直在想：如果此时能碰到一个人，我就有救了！

他相信一定会碰上个救命的人。尽管走了两天两夜，腹中空空，筋疲力尽，他还在坚持中，不停地乱转，大声呼救。终于，“上帝”出现了，他远见林中站着一个人。他兴奋地又哭又喊，用最后一点力气跑上前去拥抱对方，喊道：“我已经迷失了两天两夜，看到你真高兴，谢谢你救了我！”

“我救你？”那人冷冷地说：“别高兴太早，我已经在这里迷失了一个星期了。这里，根本就无法找到出路！”

他听到这话之后，两眼一翻，瘫软在地，死掉了！

迷失了七天七夜的人没死，反倒是那个仅迷失了两天两夜的人死了。因为前者一直把希望寄托在能碰到个救星身上了。他四处乱蹿，奔走呼号，耗尽了体力，却忽视了寻找可能存在的出路。

俗话说，“靠山山倒，靠人人倒”，绝境中自救才是最可靠的。反观后者，七天七夜竟然未死，必定有他的道理：他知道保存体力，维持生命以寻求出路；他把希望寄托在出路上，而不是某一个人身上；他心灯未熄，坚信只要坚持下去即可逃出困境。

无论多么伟大的成功，都用一句话来概括：壮志未酬，身不死！中国历来有“壮志未酬身先死”之说，它是对那些胸怀大志、至死不渝的人的

一种赞美和抱憾。

应该讲，这是一种对尚未取得成功的成功者的赞赏。因为他生前的行为属于一种成功者的行为。所以，此类壮士一向是令人钦佩、让人怀念的。但是，另一种壮志未酬，身先死，就不能让人欣赏了：即仍然活着却放弃了志向。的确，不可否认：客观存在的困难一箩筐，目标远在高山峻岭的千里之外，成功遥遥无期……

找借口实在太容易了，但创业却要难上 100 倍。爱迪生说过："全神贯注你所期望的事业上，必有所成。"贯注的时间越长，成果就会越显著。"十年磨一剑"得到的必定是一件难得的珍品。坚奉这种理念并矢志不渝地磨下去的人，百分之百会成功。

当迷失了人生的方向时，这种矢志不渝的坚持更为重要。坚持下去，相信自己，定能取得最后的成功。

◎ 不信天命，自信是获得成功的不竭动力

相信自己的人在做一件事的时候，哪怕是很难的一件事，哪怕是没有成功的希望，也会满怀斗志地去做。在他们的眼里，人生没有什么不可能，他们总是充满前行的能量。那么，为什么相信自己的人会有干劲，会获得成功？因为，相信自己的人拥有乐观的心态，会给自己的事业发展增加强劲动力。或许有人要问：积极乐观真的会产生这样强大的力量吗？

心理学家哈德·菲尔德在谈到积极心态对人产生的力量时说："我做

了这样一个实验：用3个人来测试心理变化对生理产生的影响。在3种不同的情况下，我让这3个人用全力握住测力计。实践证明：在清醒状况下，他们每个人的平均抓力只有100磅。当他们被催眠后，抓力就变成了29磅——这是正常体力的1/3。第三次测试时，我告诉他们我在给他们催眠，并给予了他们能量，他们的平均抓力居然达到140磅。事实证明：当人们心中充满积极有力的思想时，抓力将多出将近一半。所以，积极的暗示会产生力量。”

可见，抓力的大小不仅由体质决定，心理也会对其产生影响。相信自己的人对自己持有肯定的心态，才使得他们具有超出常人的力量去应对困难，有力量博取成功。

到目前为止，在美国整个职业篮球联盟中，博格斯是最矮的一个，但他能在巨人如林的篮球场上竞技，并且跻身大名鼎鼎的NBA球星之列。

有人或许会说，作为NBA的球员，身高是第一位的，博格斯没有足够的身高——甚至和普通人相比，他都是个“二等残废”。那么，是什么促使他选择篮球的呢？又是什么让他成为一个篮球明星呢？

原来，博格斯的成功主要归功于乐观的心态。

博格斯从小就很喜爱篮球，可因长得矮小，伙伴们都瞧不起他。有一天，他伤心地问妈妈：“妈妈，我还能长高吗？”

妈妈鼓励他说：“博格斯，你不仅能长高，而且还会长得很高很高，会成为人人都知道的大球星。”从此，博格斯就一直认为，自己绝不会一直这样矮，一定会长高的。

“既然自己还能够长高，那就不用担心什么啦。”博格斯放心了。他明白，作为一个职业球员，一定要有精湛的球技。于是，博格斯开始苦练篮球技术。在博格斯看来，把球技练好，自己也长高了，也就能进入美国职业篮球联赛了。

可是后来博格斯发现，自己不能再长高了。但这时，身高对他来说已经不重要了，因为在大学联赛的赛场上，人们看到他就凭借自己个矮的优势飞速地运球过人，以及成功地抢断。因为表现突出，不久就被球探招进NBA。

相关专家分析说："夏洛特黄蜂队的成功在于蒂尼·博格斯的矮。"博格斯技术好，他发挥了矮个子重心低的特长，从而成为一名断球能手。

博格斯成功了，他多次被评为最佳球员。当有记者问他："你这样矮，是什么让你选择一个高个子才会选择的职业？"

博格斯回答说："因为我不相信自己会一直这样矮。"

个子矮没能让博格斯沮丧，而是积极地认为自己能长高，所以，他成功了。假如博格斯早早地就断定自己不能再长高了，那么，他可能就不会选择篮球了，自己的篮球天赋会因此埋没，他也会成为一个庸人。

世界上之所以平庸者居多，主要是因为很多人悲观地看待自己所遭遇的困境，在困难面前早早地就泄了气，所以只有接受失败的结果；而有些人遇到困难时不忧不愁，相信自己"一定能成功！""这一定有办法解决""事情就这样糟糕，应该有转机"，所以，他们才能不断进步，直至成功。

◎ 请为自己喝彩，你也是世界的惟一

一个人即使拥有优秀的天赋和素质，但若是长期处于一个不能促使自己进步的群体中，若是没有自己对自己的鼓励与喝彩，也会慢慢地丧失自己原有的能力，最终消失在茫茫人海之中，连一朵浪花都不会溅起来！

学会为自己喝彩，你才会在微不足到的位置上激励自己，呈现甚至连自己都意识不到的勇敢。为自己喝彩能提供前进的动力，能培养自己用积极的心态去行动的力量。

闻名全球的麦当劳快餐创始人雷蒙·A·克罗克，是个家喻户晓的传奇人物。像许多出生于美国普通家庭的孩子一样，克罗克的少年时期并没有什么过人之处。

年轻的克罗克为了生活，不得不四处奔波。他与人合开过肉铺，经营过房地产，也许是不满足于现状，克罗克似乎总不能保住他的工作。事实上，在头两年中他虽努力工作，用以维持生计，却先后失去了3份工作。

但是接下来，克罗克的生活发生了根本性的变化，他想做销售的工作。就在那时，克罗克受到了激励。他开始认识到他最初的3份工作对他都是不适合的。

他不喜欢那些工作，他大胆地告诉自己：我不喜欢那些工作，那些工作也不适合我。

那些工作并非自然而然地来到他的身边，那些是他为生活所迫，没有办法的选择，自然而然地来到他身边的工作是销售。他立刻明白了，他会

把销售工作做得很出色，他喜爱这种工作。从此，克罗克把他的全部心思，都集中于做世界上最好的销售员上，他对自己说：我将是一名伟大的销售员，是一个了不起的销售人。

于是，他受雇于一家纸杯公司，开始做一名纸杯推销员。为了推销纸杯，克罗克进行了多种尝试。最初，克罗克把纸杯卖给街头的小贩，让他们装刨冰；后来，他说服外卖店的经理们，让他们用纸杯来代替玻璃杯装午餐卖给顾客；他还劝说雪糕商用纸杯来作雪糕的外包装。

每一次成功的推销之后，克罗克都不忘为自己喝彩：我是最好的推销员，是世界上最伟大的推销员！

他成了一个成功的推销员，他的业绩一路领先。渐渐地，克罗克有了一些积蓄。在攀登成功的阶梯时，他又立下一个目标，那就是创办自己的公司。如果他能经营买卖，这个目标就会十分适合他的个性。

克罗克停止了为别人销售纸杯。经过详细的市场调查，他发现一种新型奶制品很受欢迎，而生产这种奶制品的机器却是供不应求，于是，他用自己多年的积蓄买下了制奶机的独家销售权。

克罗克做推销员的阅历，丰富了他的从商经验，培养了他更加敏锐的商业眼光，为他日后参与并经营麦当劳打下了坚实的基础，也为日后麦当劳在全球各个角落的迅速扩张积淀了资本。

那个最初失去了3份工作的人，更是那个不忘自我激励的人，不忘时刻为自己喝彩的人，最终取得了什么样的成果呢？

克罗克不但建起了麦当劳王国，还推动了快餐连锁业的迅速发展。是一种商业上的革命，更是一种饮食文化上的革命！

为自己喝彩，明白为自我喝彩的意义，由此而产生的自我激励，常常能改变一个人一生的命运！

美国汽车大王亨利·福特出生于美国底特律一个富裕的农民家庭。12岁时，母亲就去世了。福特虽是个农民，却对扛铁锹下地干活、挤牛奶等农事自小就不喜欢，却对机械很感兴趣。弟弟妹妹的玩具都怕被他看见，怕被他拆掉。儿时的福特由于性情顽劣，自小被认为是一个应该下地狱的人。无论何时出了什么事，诸如母牛从牧场上被放跑了，或者一棵树被神秘地砍倒了，人人都会怀疑：这是小亨利·福特干的。

他的父亲和兄弟姐妹们都认为他是恶劣的，那些事情一定是他干的。

母亲去世后，有一天，父亲对孩子们宣布：我即将再婚。多年之后福特回忆说：

"我们大家都很担心，我们的继母是哪一种人，我本人断然认为，即将来到我们家的新母亲，必然抱着和父亲一样的看法，是不会给我一点同情心的。

"我永远也不会忘记，当父亲带着这位陌生的妇女进入我们家的那一天，她走遍每一个房间，很高兴地问候我们每一个人——直到她走到我面前。我没有任何表情，双手交叉着叠在胸前，凝视着她，我的眼中没有丝毫欢迎的表露。

"这时父亲说：'这就是亨利·福特，兄弟中最坏的一个'。接下来发生的事，让我终生难忘。继母没有受父亲介绍的影响，她把她的双手放在我的两肩上，两眼闪耀着光辉，直盯着我的眼，这使我意识到我将永远有一个亲爱的人。她说：'这是最坏的孩子吗？完全不是。他恰好是这些孩子中最伶俐的一个，而我们所要做的一切，无非是把他所具有的伶俐品质发挥出来。'"

继母的鼓励与信任，给了小亨利·福特莫大的力量，让他学会了时刻激励自己，学会为自己喝彩。功成名就后的亨利·福特说："这些儿时的经历就是我事业的支柱。我决不会忘怀她的教导。"

继母有一句箴言成了他一生创业精神的宗旨："你必须去做生活给予

你的不愉快事情，你可以怜悯别人，但你一定不要怜悯自己。而是要时刻为自己喝彩。”

你看，那些成功者往往都懂得为自己喝彩！为自己的事业喝彩！那是一种宣传，也是一种鼓舞！是一种对对手的宣战，也是对自我肯定的勇敢体现！勇敢地为自己喝彩吧！在芸芸众生之中，你是惟一的你自己，仅凭这一点，你不该为自己喝彩吗？

第三辑

每个人都拥有被别人羡慕的优势

不要主观地认为别人很强大，自己很弱小，其实，每个人都拥有被别人羡慕的优势。有人研究发现，人类总共有400多种优势，也就是说，不管是谁都有自己的优势，只不过被自己忽视了而已。所以，你要相信自己，你有足够的能力去应对人生的一切。

◎ 人难在自知，不要让潜能长眠一生

著名魔术师费尼尔司·泰勒·巴纳姆在评价自己的表演时说，他的节目之所以受欢迎，是因为节目中包含了每个人都喜欢的成分，所以每一分钟都有人上当受骗。这一效应后来被心理学家总结如下：

人们很容易受到来自外界信息的暗示，从而出现自我知觉的偏差，认为一种笼统的、一般性的人格描述十分准确地揭示了自己的特点。

的确，很多人认为自己很了解自己，相信自己能够对自己的潜能进行正确的判断，但事实并不是这样的。从心理学的角度说，人很容易受到外界因素的影响或暗示，从而在判断和衡量自己时出现偏差，造成对潜能的认识不准确。正所谓："不识庐山真面目，只缘身在此山中。"

爱因斯坦一直认为能正确地认识自己，直到16岁那年听了父亲讲的一个故事，他才对如何认识自己有了深刻的理解。

这天，父亲对他说："爱因斯坦，昨天我和你杰克大叔去清扫一个大烟囱，我们踩着里面的踏梯往上爬。你杰克大叔在前我在后。我们抓着扶手费了很大的力气才爬上去。下来的时候，我们依然一前一后往下走。当我们钻出烟囱后，我发现你杰克大叔的后背、脸上全是烟囱里的烟灰。

"我马上跑到河里洗了个澡，而你的杰克大叔却只在河边洗了洗手。

"我很奇怪，就问你的杰克大叔：'你为什么不洗个澡呢？'没想到你的杰克大叔却反问我说：'我为什么要洗澡？你又为什么要洗澡呢？'

"'这样脏，为什么不洗洗呢？'我说。

"'难道我很脏吗？'杰克大叔却反问我。

"后来我们才弄明白，你的杰克大叔身上有灰尘，但我的身上干干净净的，我们却并不清楚这一点，只习惯性地从对方的形象中猜测自己的样子。我看见你杰克大叔脏兮兮的样子，以为自己和他一样，于是就到河边去洗了澡。而你杰克大叔看到我比较干净，于是就以为他自己也是干净的，所以就没有洗澡了。"

爱因斯坦听后笑了起来。父亲对他说："一个人很难知道自己是什么模样的，只有自己才是自己的镜子。拿别人做参照，要么白痴会把自己照成天才，要么天才会把自己照成白痴。"

所以说，一个人发现自己就是一门学问，因为人们总认为自己是了解自己的，其实很多人在"认识自己"的道路上还是一个雏儿。古往今来，所有的成功人士莫不是在准确认识自我的基础之上扬己之长避己之短，并选择适合自己的道路，采取适合自己的方法，才实现了最后的成功，而那些失败的人们从根源上来讲都是败于不自知，正所谓"知己知彼，百战不殆"。正确认识自己是成功的基本出发点。

那么，如何发现自己的潜能呢？首先要"知己"，而所谓的"知己"，就是要看到自己的实力，明确自身的优点和缺点，既不盲目自大，也不妄自菲薄。对自己的实力有个客观公正的判断。

人唯有自知才能认清自身的优势缺憾，才能唤醒自己的潜能。但遗憾的是，很多人总是认为自己了解自己，可真正具有自知之明并非易事。也正因为难在自知，所以有很多人经常看不到自身的缺点与不足，也不能很好地利用自己的潜能。他们常常因为误判而选择了不适合自己的发展方向，甚至走很多弯路。

现代知名作家贾平凹曾这样说过："要认识自己的潜能在哪儿并不容易。我可是花了好几年的时间啊！"

原来，贾平凹在上大学时非常喜欢诗歌创作，虽然写了上千首诗，但大多质量一般；后来，他开始了古体诗的创作，但没有取得大的成绩；再后来，他又尝试写评论、散文、随笔等，同样没有取得成功。

就这样，贾平凹浪费了好几年时间，直到一个偶然的机会，他发表了一篇短篇小说并引起读者的强烈共鸣后，他这才发现，小说才是最适合于自己的创作形式。

贾平凹通过不断地摸索才发现自己的潜能，最终成为文坛翘楚。

所以说，只有善于发现自己潜能的人才会以更快的速度到达成功的彼岸。

此外，要想正确地认识自己，一定要用辩证的方式来看待自己。在分析自身优劣势的时候，要尽量保持冷静和客观。既不要自我膨胀，也不要过分地自轻自贱。要对自己进行理性分析，积极地吸收和借鉴他人的意见，有效地甄别和过滤那些猜测与妄断。这样，自知就不难了。每个人都不是十全十美的，在竞争中明白自己的软肋在哪，自身的长处是什么，这样才能够发挥潜能，让自己立于不败之地。

◎ 优势是有别于他人的优点

我们经常会碰到这样一个问题："你有什么优势？"有人说优势是有钱，有钱能让一个人无所不能；有人说优势是有靠山，这样做事就会有人帮助；有人说优势是学历，学历是成功的试金石……还有很多人没有好好地总结一下自己的优势到底是什么。

其实，每个人都有自身的优势，但是任何优势都不是绝对的。任何优势都是具有变化性和比较性的，原来也许没有多少优势，但随着事物的发展，优势就有可能变得多起来；现在是优势，将来也许就不是优势；任何优势又都是相对而存在的，和甲比是优势，和乙比可能就不是优势；在一定范围内是优势，但在更大范围内可能就不是优势。

生活中，很少有人静下心来认真总结一下自己的优势到底是什么。你要相信，一个人的优势就是那些有别于他人的优点。

张伟权经过精心准备，背了一大包的资料、证书、剪贴本，到一家著名民营企业去应聘，面试时，考官边翻看他的简历边问："你有什么优势？"

张伟权虽然没有读大学，可是他花了8年时间参加自学考试，拿到了两张文凭。他认为这是自己最大的优势，于是坚定地说："我参加了自学考试，获得了两个大学文凭……"考官摇了摇头说："我们有30%的员工拥有双学士和研究生以上的学历，您的自考学历称不上优势。"

他没有想到考官这么不客气，但这时他并没有灰心，马上又接着说："我曾当过兵，参加过抗洪救灾，比较能吃苦……"考官打断他，摇摇头又说："我们这里的保安都是当过兵的，可是现在保安已经满员了。"

为了能取得这家公司的一个职位，他说出了很多自己所认为的优势：喜欢写作，有较好的文字功底等，但考官最终还是婉言拒绝了他。张伟权泄气了，额头上冒出了汗，感到可能大势已去，一边收拾资料，一边往包里装。考官正准备让人事小姐叫下一位时，张伟权又想到一件事，于是急切地说："过去我们企业有一次资金周转困难，我拿出自己即将结婚用的 2 万元钱为公司渡过难关，这是我们的企业报对我的报道。"

主管看着张伟权递过去的报纸，抬眼说："就这个吗？"

他趁着考官还没有叫下一位的时候，不失时机地说道："还有一次，一位同事晚上说肚子痛，我看他痛得在床上打滚儿，虽然已经是凌晨 2 点钟了，但我还是立即背着他，打车把他送到医院，被诊断为阑尾炎，马上进行了手术。后来，那位同事的父母还专程从老家赶到公司来感谢我，给我写了感谢信，贴在工厂的大门口。"

张伟权说的都是一些他过去做过的，而且令自己实实在在感到自豪的事情，主考官终于露出了笑容，他凝神片刻说："这才是你的优势，这些事反映出你拥有和他人不一样的优点，你被录用了。"

优势是比较出来的，你有的他人也有，这就不是什么优势。高学历是不是你的优势，关键是看你所处的群体是不是也都是高学历。所以，拥有和他人不一样的优点，你才会有优势。

某公司老总要带领一个团队去非洲某国进行一个合作性的谈判。为了赢得这次谈判，老总决定让外事科遴选公司最精干的力量作为谈判团队。

很快，公司有 20 个人进入了谈判团队。可以说，进入该团队的人，不是拥有博士学位，就是具有丰富的谈判经验。公司上下都知道，团队里的人应该都是公司里的精兵强将。

但让人意外的是，公关科的科员吴飞也在这个团队中。公司上下开始议论纷纷，认为外事科对吴飞开了后门。最不服气的是公关科的科员赵磊，他和吴飞相比，不仅资历深厚，学历也是双硕士，结果自己没选上。赵磊很生气，直接和老总表达了自己的想法。

老总马上叫来外事科的领导："我们这个团队里的人，每个人都有自己的优势，吴飞只是一个普通科员，学历也不高，你们怎么把他选进来了？难道我们公司无人了吗？我看赵磊就比吴飞强。"

外事科的领导解释说："吴飞从小就随父亲生活在非洲某国，对那里的人情风俗十分了解，所以，我把他选到这个团队里来了。在这个团队中，和赵磊情况差不多的人很多，赵磊和他们相比，根本就没有什么优势，所以我们没有考虑他。"

由此可知，你能不能得到重用，就看你有没有他人所不具备的优点。所以，当你衡量自己有没有优势的时候，不防先和身边的人比较一下，看看你具不具备与他人不一样的优点。要有与他人不一样的优点，这才是你能够依靠的优势。

◎ 优势，劣势之所依；劣势，优势之所伏

一个人不可避免地有着优势与劣势，但很多人很难意识到，劣势可以依附于优势，优势也可以倚靠劣势。明白了这一道理，你就会发现，世上没有优势十足的人，也不会有一无是处的人。因为优势与劣势是互相依

附的。

加拿大人博尔蒂虽然聪慧，但幼年因火灾导致左脸局部烧伤，因此相貌丑陋，而且还有从小就口吃的毛病。此外，他一耳失聪。

因为有脸部的缺陷和天生残疾，所以经常遭到别人的歧视。除了他的父母外，几乎没有人想和他在一起玩耍，更不用说成为好朋友。

一天，有一个同学嫉妒他成绩好就讥笑他说："你是个丑八怪，你除了脑子聪明其他什么也没有。"

博尔蒂听后随即说："谢谢你，真的谢谢你。"

这位同学听完大笑："难道你傻了吗？骂你你还谢谢我。"

博尔蒂回答说："你明确地告诉了我的优势与劣势：我是很丑但我聪明。这就是我谢谢你的理由。"说完快步地走开了。

之后他把别人对他的嘲笑看成是一种动力，并用心地学习来弥补自己的缺憾。最终，他成为一个颇有建树的人。

在一次竞选中，对手用他的面部缺陷说事："你们要选这样的人吗？自己都不健全，他能为大家做什么？"

幸运的是，正是这种极不道德的人身攻击，让博尔蒂博得选民的极大同情，最终成功当选。

在竞选成功的发布会上，博尔蒂说："我虽然天生残疾，但我明白这样一个道理：人的优势与劣势不是互不相干的，在很大程度上它们是互相依附的。我的聪明依靠了我的丑陋，同样，我的丑陋也依靠了我的聪明，是聪明的我让更多的人了解了丑陋的我。"

生活中的劣势不可避免，但只要能很好地把握它，它也能对自身的优势给予帮助。博尔蒂的故事向人们说明了一个道理：要想更快地实现成功的目标，就一定要学会把握自己的优势与劣势，学会在适当的时候对它们进行转化，并加以利用。

每个人都有自己的优势与劣势，其实这没什么可怕的，可怕的是没有更好地利用它们。很多时候，劣势只是一个表象，在它的背后，可能隐藏着巨大的优势。

有个人在高原上经营果园，每年他都将苹果以邮递的方式零售给他的顾客。

这年，一场突如其来的冰雹将他还未成熟的苹果砸得伤痕累累。

收获苹果的季节到了，今年的苹果和往年的不同：往年的又大又圆，今年的虽然在个头上和往年差不多，但满是疤痕，难看极了。这样的苹果在市场上简直没有任何优势可言。

“苹果卖不出去了。”这个人想。眼看自己就要失去所有的顾客和收入了！他越想越懊恼，发泄般地摘下一个苹果拼命地咬起来。他忽然发觉，今年的苹果比以往的更甜、更脆，汁更多。

他高兴极了，马上把苹果装好箱寄给他的顾客，并在每一个箱子上面这样写道：“这次的苹果虽然有些难看，但那是冰雹造成的伤痕。在高原，气温往往骤降带来坏天气，但也让苹果产生了一种风味独特的果糖。”

苹果很快就卖完了，比以往任何一年卖得都快。

人在很多时候就是这个有缺陷的苹果，但如果将缺陷与它本身的优势或独特之处联系起来，事情就不会如你所想的那么糟糕了——劣势的背后是优势，它会促使你走向成功。因此，你要懂得让自己的优势与劣势互相依附，让劣势成为优势，让优势得到更好的展现。

◎ 只要你不为自己设限，你的人生就会无极限

社会在进步，人也要随着进步，不然就会跟不上时代的步伐。所以，一个人千万不要觉得自己学得够多了，拥有的够用了。因为昨天的获得，会被时间化为乌有，只有不断提高自己，你才能保持优势，才能获得优势。一个人如果始终拘泥于一种思考方式、一个固定的位置，并满足于当下的生活状态，那么，他就会成为井底之蛙，看不到更广阔的空间，得不到更大的发展。

在一次培训课上，陈安之在黑板上画了一幅图：一个人站在一个圆圈中间。接着，他在圆圈里画上了房子、一辆汽车和一些朋友。

陈安之说："站在圆圈中间会让你们觉得很舒服。这个圆圈里面的东西对你们也是至关重要的，因为这里有你的住房、你的家、你的朋友，还有你的事业。站在这个圆圈里你会觉得自在。现在，谁能告诉我，当你跨出这个圈子后，你会遭遇什么？"

一位学员说："我会害怕。"

另一位说："可能会出错。"

这时，陈安之微笑着说："当你害怕，或者是犯错误了，其结果是什么呢？"

有个学员大声答道："增加了我的胆量，从中会学到东西。"

陈安之说："是的，你不再会惧怕什么了，你还会从错误中学到东西。当你离开'舒服区'以后，你会学到以前不知道的东西，你增长了见识，

所以，当你跨出来以后，你就进步了。”

陈安之转向黑板，在原来那个圆圈之外画了个更大的圆圈，还加上些新的东西，如更好的车子、更大的房子等等。不言而喻，一个人跨出的圈子越大，他收益的就越多。

“如果满足于现有‘温床’，你就永远无法扩大你的视野，永远无法学到新的东西。只有当你跨出‘温床’这个舒服区以后，你才能使自己人生的‘圆圈’变大，你才能把自己打造得更杰出。”陈安之说道。

在这次培训课上，陈安之意在告诉他的学员：人所生活工作的环境就是一个圆圈，在这个圆圈里，因为熟悉和习惯，也因为拥有了一些东西，所以自己觉得这是个不错的区域，乐在其中，很少有人愿意离开这个区域。但如果不走出这个舒服区，人生的圆圈就只能那么大，得到的只会是那么多，见识也就那么少，只有勇敢地跨出自己的舒服区，才能拓展自己的视野，也才能得到自己的优势。

一个成功的人总善于和自己较劲，以期达到新的人生优势。他们用永不满足的态度去面对这个世界，从而能让自己拥有一定的优势。

唐骏初到美国工作的时候，一次，他的一个好朋友去看他。他带着朋友到一家豪华的大饭店去用餐。朋友说：“都是老朋友了，随便找个地方吃点就行了，何必这样破费呢？”

唐骏回答说：“我承认，我的薪水不高，但一有机会，我还是带朋友来这里，因为到这个地方来，你才会发现自己和优秀者的差距有多大。你只有到这个地方来，才有机会看到那些成功人士的生活，你才会努力改变自己的现状。如果你只是去中等饭店，会觉自己还有优势，这样就会不思进取的。”

唐骏的话有一定的道理，有时候，人要学会比较，这样才能不满足自己的现状，才会有改变自己、提高自己的动力。

约翰是美国某铁路公司的总经理，很少有人知道，他刚到铁路公司时，只是一个三等列车上的工人，周薪只有10美元。因为工作努力、善于提高自己，他很快被提拔为管理制机的工人，一周能拿12美元。

一天，有个老工人告诫他说："不要以为做了管理制机的工人就觉得了不起。告诉你，你想当车长，还有很长一段路要走。到那时，你才可以趾高气扬，享受一周100美元的待遇。"

没想到约翰满不在乎地说："难道做车长就是我的目标吗？我还准备继续努力，做公司的总经理呢！"

后来，约翰经过不断努力，终于脱颖而出，真的当上了公司的总经理。

当下，社会竞争日趋激烈，只有不断提升自己，才能有足够的优势去顺应社会的进步，才能应对对手对自己的超越。如果满足现状、不思进取，那么，不仅不能维持现状，还会被对手超越，被社会淘汰。所以，拥有优势的人往往不敢满足于现状，他们始终在勤奋努力，保持进取心。

◎ 你那些不在意的拥有，正是别人羡慕的宝贝

在生活当中，也许你常常羡慕他人的美丽、才华，而觉得自己一无是处。于是就自卑，自卑到觉得苍天弄人。其实大可不必这样：羡慕别人的

同时，不要连自己的缺点也一起比较；审视自己时，更不要连自己的优势也一同抹杀。每个人都有属于自己的世界，每个人都有属于自己的优势。

黄美廉是一个自小就患脑性麻痹的病人。疾病不仅夺去了她肢体的平衡感，也让她失去了发声讲话的能力。

但是，黄美廉并没有因此倒下，她用她的手当画笔，以色彩告诉人们自己的价值和优势。以惊人的毅力不断努力学习，最后还获得了加州大学艺术博士学位。

一个不能自如控制肢体动作的人，居然在艺术上取得了这么大的成绩，很多人对其难以置信。

在一个大学为她设置的专题演讲会上，看到她站在台上奇怪的样子，一个学生这样问她："黄博士，您从小就长成这个样子，请问您怎么看待自己？您觉得自己的优势在哪呢？"

此语一出，会场顿时紧张了起来，因为在大庭广众之下问这个问题实在是太伤人自尊了，很多人担心黄美廉会受不了。

"我怎么看自己？"因为不会说话，黄美廉在黑板上重重地写下这几个字后停下笔来，歪着头看着那个发问的同学，然后又笑着在黑板上写了起来：

一、我觉得自己好可爱！

二、我的腿型是很漂亮的！

三、我的爸爸妈妈非常爱我！

四、上帝很爱我！

五、我会画画！

六、……

最后，她在黑板上写下了她的结论："我只看我所有的，不看我所没有的。"

所以说，做人要相信自己，懂得欣赏自己。也许你没有苗条的身材，但你可能拥有一颗善良的心；也许你没有巨大的财富，但你可能拥有才华；也许你没有一份高薪的工作，但你可能拥有一个幸福的家庭。很多时候，一个人觉得自己没有任何优势可言，就是用自己的短处去和他人的长处相比，将自己比得一无是处。殊不知，你所拥有的，正是别人羡慕的。

正如鱼羡慕鸟儿能在天空中翱翔，却不知鸟儿也正在羡慕自己可以悠然自得地在水中游弋；花儿看到钻石后会哀叹自己青春易逝，却不知钻石正在羡慕花的娇艳；山羡慕云的飘逸，却不知云也羡慕山的巍峨。

有一个人，因为生前为人善良、热心助人，所以死后升上了天堂。上帝了解他的情况，让他做了天使，并继续让他到凡间去帮助那些需要帮助的人。

一日，天使遇见一个人，看上去好像很忧伤，天使就主动上前问其原因，还说可以给他提供帮助。

这个人一听很高兴，告诉天使，自己虽然孩子聪明，妻子也貌美而温柔，但就是觉得自己不如东边的邻家有钱，孩子也不如西边邻家的孩子听话，所以过得不快活。

“你要是真能帮助我，就把邻居所拥有的一切都给我吧。”

天使想了想，说：“把邻居所拥有的一切都给你没问题，但是，你愿意失去你现在所拥有的吗？。”

“只要你给我邻居所拥有的，我愿意失去现在所拥有的一切。”这个人说。

于是，天使拿走这个人的一切，将邻居所拥有的一切赋予了这个人。天使做完这些事后，便离去了。

过了一段时间，天使又巡游到这个人的身边，这个人已经瘦得不成样子了。见天使来了，他要求天使恢复他原来的生活，因为自从得到邻居所拥有的一切后，他的生活难过极了。

原来，东边的邻家虽然有钱，但是妻子不仅丑陋无比，而且还是个悍妇，整天和自己吵个不停，让人不得安身；西边邻家的孩子虽然听话，但是经常生病，弄得这个人常常在半夜里抱着孩子去找大夫。

在这个人的身上，很多人会看到自己的影子，他们眼里看到的只有别人的优势和自己的不足，殊不知，和别人相比，自己才是幸运的人。所以，不要总认为自己不如别人，其实，世上唯有自己是与众不同的，那么为什么还不好好地去欣赏自己呢？

有一则寓言是这样的：猪说，来世我要做一头牛，虽然工作辛苦一些，但让人尊重；牛说，来世我要做一头猪，吃好睡好不用出力、不用流汗，活得滋润；鹰说，来世我要做一只鸡，不仅吃喝不用愁，还受人保护；鸡说，来世我要做一只鹰，不仅能云游四海，而且还不会被人任意宰杀。

这则简单的寓言给我们留下了深刻的思考，自己所拥有的东西，正是别人所羡慕的。猪为什么要做牛，因为它羡慕牛的名声；牛为什么要做猪，因为它羡慕猪的生活。在一些人看来，别人的优点总要胜过自己的优点，他们总是在羡慕别人。所以，这些人只知道一味地去羡慕别人，去欣赏别人，而忽略了自身的优势！

所以，请不要抱怨优势与自己无缘，只是你对自己已经拥有的视而不见。无论你是谁，身在何处，一定会有许多熟识的或陌生的人正在默默地羡慕着你。你在欣赏别人的时候，也正是别人眼中的风景，所以，每个人都是风景，没有必要因羡慕别人而忽视了自己的优势。

◎ 看到自己的优势，才不会将自己埋没

当一个人有优势却不知道利用优势，这就叫埋没自己。埋没自己是一个人最悲哀的事，因为常常将钻石当作了石头。人才被埋没一般有两种形式：一种是社会埋没，另一种是自我埋没。一个人连自己都不了解，就很难让社会了解他，所以，社会的埋没往往源于自我埋没。所以可以这样说，所有的埋没，都是源于看不到自己的优势。而埋没是平庸的原罪，人的平庸就是因为看不到优势而埋没了自己。

以前，有一位年轻人，他总想成就卓越的事业，但是天不遂人愿，总是不成功，渐渐地，他没有了信心。后来，他得到一个机会去拜访一位成功的长者，于是他便问长者："为什么我像别人那样努力，可是我却不成功呢？"

长者看着他笑了，问了他一个问题："如果我送你'芳香'，你会先想到什么？"

年轻人思考了一会说："我会想到我做的糕点，那时候我开办了一家糕点店，可是前不久停业了，但是我时常会想到那些芳香四溢的糕点。"

长者点点头，没有说话，而是带他拜访了一位动物学家。见面后，长者也问了动物学家那个问题。

动物学家回答说："我首先想到我现在正在做的研究课题——在大自然界，有些动物会运用自己身体散发的芳香来诱捕食物。"

拜访了动物学家之后，他们又去拜访了一个画家，也还是这个问题。

画家却是这样说的："芳香，使我想到百花争艳的野外，还有翩翩起

舞的少女。这些都可以给我带来灵感。”

年轻人不明白长者要干什么。

在回去的途中，长者带他顺便去拜访一位久居在海外的刚回来探亲的富豪。谈话中，长者也问了他这个问题。

富豪说：“它让我想到故乡的土地。故乡泥土的芳香，让我时时思念。”

辞别富豪之后，长者问年轻人：“你现在见过这么多出色的人物了。那么，你觉得你们的认识相同吗？”

年轻人摇摇头。

长者又问：“那他们对芳香的认识相同吗？”

年轻人还是摇头。

长者意味深长地笑着说：“其实，在生活中，每个人对芳香都有不同的认识，你也有自己的认识。为什么你现在不成功？因为你只欣赏别人的芳香，却忽视了自己的芳香。”

年轻人之所以不成功，是“忽视了自己的芳香”，换句话说，就是没有看到自己的优势。其实，每个人都是一座宝藏，只有正视了自己，发现了自己的才华，才不至于埋没了自己，自然可以去开创一片属于自己的天地。但遗憾的是，在现实中埋没的现象是非常普遍、严重的。

苏格拉底知道自己即将大去，他想让一个助手当自己的继承人。

他把这个最得意的助手叫到床前，说：“我的蜡就要熄灭了，得找另一根蜡接着点下去，明白我的意思吗？”

“明白，”那位助手说，“您的思想一定要传承下去。”

“可是，”苏格拉底说，“你帮我寻找一位吧，他不但要有足够的智慧，还必须有信心和勇气，”

“我这就去寻找。”

于是，那位助手开始不辞辛劳地四处寻找继承者。可他找来的人都被苏格拉底否决了。一天，当助手再次无功而返时，苏格拉底对他说："真是辛苦你了，其实，你找来的那些人都不如……"

"我一定继续寻找，"助手满怀歉疚地小声说，"就算找遍世界，也要把最优秀的人找出来。"

苏格拉底摇了摇头，不再说话。

半年之后，苏格拉底已经奄奄一息了，但人选还是没有眉目。助手难过地说："我真对不起您，太让您失望了！"

"我的确很失望，但你对不起的却是你自己。"苏格拉底说，"本来，你就是最优秀的，但你不敢相信自己，才至于把自己给忽略了。"

一代哲人就这样带着遗憾离开了世人。

历史只记录了那些差点被埋没的人才，而更多被埋没的天才却无从知晓。看到自己的优势，是获得成功的前提。有人说："每个人都是一条独特的河流，每一条河流都有值得跋涉的地方，如果你够用心，总有一天，所有的海洋都会属于你。"每个人都有自己的优势，只不过，当心情灰暗的时候，你看不到自己……不相信自己优于他人罢了。

◎ 优势没有大小之分，小优势也能带来成功

人生关键在于了解自身的优势，分析自身的优势，以及巧妙地发挥自身的优势，并将自身的优势转化为成功的能量。但是生活中很多人并不能正确认识优势，更发现不了"小"优势，这些"小"优势往往被自己忽略

到角落里，为自己造成了很多失误。

每个人都有自身的优势，关键是在于如何发现优势、利用优势、发挥优势。但是人们通常陷入把优势以大小来区分的误区，优势有主次但无大小，所谓的大小只是在不同的情况下相对而言，并非绝对，只有“重视‘大’优势，不忽视‘小’优势”才能更容易走向成功。

每个人都有自己特别的优势，也就是有自己的主优势，优势能够造就成功，主优势更能够让自己取得成功。

李清和张明都从名牌大学毕业，风华正茂，同时就职于某单位的外贸部，李清是日语翻译，张明是英语翻译。在单位领导的眼里，两个人都是未来的外贸部经理候选人。对此，两个人心照不宣，在工作上暗暗较劲，你追我赶，每年的业绩完成得均十分理想。

单位原先有日商的投资，因此经营层经常需要和日本人打交道，理所当然的，李清经常在公开场合露面。一时之间，李清在单位里的口碑好于张明。张明坐不住了，照此下去，他定会处于劣势，失去很好的晋升机会。他在学校的时候学过日语，在同班中的第二外语课上是成绩最好的，为了不让自己输给张明，他决定凭着大学时学过日语的基础，暗暗学习日语，准备超越对手。为了不让别人知道，他学日语是在暗中进行的，他几乎把业余时间都花在了日语的学习上。几年过去了，他拥有了一张日语等级证书。他开始尝试着与日商进行会话，帮助营销员处理一些日文的翻译任务。同事们对他掌握两门语言十分佩服，他自己也有一种成就感。

就在他自我感觉良好的时候，他翻译澳大利亚商人的贸易合同时关键词汇出现失误，给公司造成10万美元的损失。虽然事后公司通过谈判，挽回了部分损失，但董事长为此十分震怒。张明也十分内疚，但实在想不明白，为什么会误译了一个并不生僻的单词。反省再三，他醒悟过来，这些年忙于学日语，早已疏于对英语词汇的充实和温习，错误的发生其实是不可避免的。他在自己的主要优势上败下阵来，在日语方面自己虽然具有一定的优势，但不是自己主要的优势，即使苦学几年，也无法达到对手的水平，他悔之不及。

从这个例子中我们不难看出，一个人往往会忘了自己的主要优势。在次要的优势上大做文章，不仅没有取得更大的优势，反而失去了自己的“大”优势。然而，关键时刻“小”优势也不可忽视。

王凌在一家大公司上班。他的成绩是有目共睹的，他表现出的优势令人羡慕。一天，公司临时要求他去谈判一个项目。由于事发突然，一向穿着整齐的他就随便套了一件T恤出发了。自始至终，客户和业务经理的西装革履，都让他很尴尬。然而，更糟糕的事还在后面，当他们向客户好话说尽了之后，那客户说：“与其他公司的职员相比，你的T恤让我看出你并不重视这个项目。”结果，王凌为此被炒了鱿鱼。

这件事告诉我们一个道理：“小”优势不容忽视。古人说得好：“勿以善小而不为，勿以恶小而为之。”谈判时穿西装还是穿T恤，它体现了对对方的一种态度，是真诚还是随意。

总之，优势没有大小，因为它的大小只是相对而言的，我们既要重视“大”优势，也不能忽视“小”优势，因为，无论大小它都是优势。

◎ 不管现在多弱小，也不要忽视了你的潜能

很多人对自己资质的判断，往往只流于表面。因此，很多人因为在表面上表现不出自己的优势，就会以为自己在本质上也没有什么潜能。因为，人们常会忽视这样一个问题：浮于表面的往往是尘土，金子往往都是深埋在地底下的，它需要人力的挖掘。很显然，如果只从表面上去判断一个人有无发展的潜质，那么势必埋没他的潜能。

世界上成功的人占3%，普通人占97%。3%的成功者和97%的普通人，他们之间最大的差别就是对于自己潜能的忽视。

电影《阿甘正传》中的阿甘，小时候因为发育的原因，双腿需要戴上钢架来矫正，他的行动也因此非常缓慢。在任何人看来，他是一个行动不便的孩子——这是人们惯有的思维，包括阿甘的母亲也这样想，但实际并不是这样。在一个偶然的机会里，阿甘居然扯散钢架，成了一个跑得很快的人，而且他还因为奔跑成就了自己传奇的人生。

在阿甘的故事中，他的母亲给他的双腿固定了钢架，在她的潜意识里，自己的孩子是有问题的。如果不是逃避同学的追打，阿甘可能就一直带着钢架，有谁会知道阿甘原来这么能跑呢？

潜能分为生理潜能和心理潜能。潜能的发掘和发挥都存在着极大的心理因素。通过提高认识、学习技巧、培养感受领悟力、坚强意志等方法能够发挥人的生理、心理力量。心理潜能通过意志的激发，使人有恒心、有

毅力、有信心。成功属于善于开发自己潜能的人，每一次成功，只不过是在合适的环境中将自己的潜能发挥出来而已。

将军李广带几位随从到林中巡查，突然刮起了一阵狂风。树叶哗哗作响。李广隐约看见一只吊睛白额的老虎在林子深处，正虎视眈眈地看着他。李广立即挽弓搭箭，一箭向老虎射去，然后头也不回就催马离去。

第二天，李广又来到昨天老虎出现的林里，却发现一块虎形的巨石立在林中空地上，昨天射出去的那只箭已经深深没入石头当中。随从惊呆，赞叹将军神勇，于是请将军给大家再次表演绝技。结果让大家大失所望，李广连射几箭都没能射入石头中。

人群中有明白道理的人便说：将军神力只在性命攸关之时才有，因为害怕老虎伤了自己性命，将林中石头误认为老虎，让其发挥出了自己都不曾见识的力量，瞬间爆发出的力量将箭射入了石头。

每个人的潜能都是不一样的，有人有艺术天赋，有人拥有计算方面的才能，等等。一些才能平时就会有所体现，你要注意观察自己，不能让它悄悄地溜掉。一个人的潜力是巨大的，甚至超出想象，只是，这种潜能的爆发需要一定的条件。换句话说，只有在某一特定环境下，潜能才能发挥出它的作用。

曾经热播一时的电视剧《士兵突击》，向观众演绎了一个中国式阿甘的故事：新兵许三多胆小、懦弱、低能，常常还显得有些傻气。因为自己的无能，他无法成为一个战友们都认可的兵，他在战友的冷嘲热讽中生活着。在一个偶然的机会里，他居然能在单杠上做 333 个大回环，就是连他自己也不敢相信会打破这项全军的纪录。从此，他按照自己的思维去锤炼自己，最终成为优秀的特种兵。

《士兵突击》从另一个侧面也反映了人的潜能是不可小觑的，它告诉我们：不论我们是多么平常，那都是一个表象，不必为此对自己感到失望，因为我们有自己的潜力，只要我们将其激发出来，就变得更优秀。

人的潜能犹如一座待开发的金矿，蕴藏无穷，价值无比，这是上帝赋予每个人均等的能力。这就是说，不是我们没有能力，只是因为我们还没有把自身的潜力发挥出来。任何一个人，只要发挥出了足够的潜力，就能拥有走向成功巅峰的优势，就能成就一番伟业。

◎ 给自己发挥潜能的机会，你会更强大

任何成功者都不是天生的，成功的根本原因是开发了人的无穷的潜能，只要抱着积极心态去开发自己的潜能，就会有用不完的能量，能力就会越用越强，人生就会越来越灿烂。相反，如果不去开发自己的潜能，就只能叹息命运不公并且越来越消极无能。每一个人的体内都有相当大的潜能，爱迪生曾经说：“如果我们做出所有我们能做的事情，我们毫无疑问地会使我们自己大吃一惊。”从这句话中，我们可以提出一个相当科学的问题：“你一生有没有使自己惊奇过。”

常常听到很多碌碌无为的人感叹：“没办法，我就是这个样子，没法改变了。”这句话是剂毒药，它使许多人甘愿平庸的生活，没有认识到自己只要经过自我挖掘，便会显示出非凡的力量。

众多的生活基本原则都是包含在我们大多数人永远不会去注意的最普通的日常生活经验中，同样的，真正的机会也经常藏匿在看来并不重

要的生活琐事中。你可以立刻去询问你所遇到的任何10个人，问他们为什么不能在他们所从事的行业中获得更大的成就，这10个人当中，至少有9个将会告诉你，自己并未获得好机会。你可以对他们的行为做一整天的观察，以便对这9个人做更进一步的正确分析。结果你将会发现，他们在这一天的每个小时当中，不知不觉地把自动来到他们面前的良好机会推掉了。

如果你想做一个非凡的成功者，那你就去体验一次精疲力竭的感觉。精疲力竭是人生理的一个重要感觉，它会使你重新认识自我，重新发现自我的生命中原来有如此多的宝石，重新拥有全新的人生。你也许会问，到哪里去体验精疲力竭的感觉。其实很简单，假如你每天晨练只跑2000米并认为这个路程是你身体所承受的极限，那么，在某一天早晨，你就命令自己跑上8000米，你也许会被自己这个命令吓傻，认为那是完全不可能的，跑8000米自己肯定会累死的。但你千万不要犹豫，更不要循规蹈矩在跑完2000米停下来，你不是要体验精疲力竭的感觉吗？那你就继续跑下去。当你跑到5000米时，你也许会感到头重脚轻；双眼发花，心脏似乎要跳出胸外。但你千万不要去管这一切，你只要跑下去，跑下去，终于你跑完了8000米，你觉得自己快不行了，天旋地转，浑身酸痛，感到彻底精疲力竭了。有了这次的体验，你惊讶地发现你在一个早晨竟然跑完了4个早晨的路程，你根本没有想到自己的身体竟有如此的潜能。

一个喜欢冒险的男孩爬到父亲养鸡场附近的一座山上去，发现了一个鹰巢。他从巢里拿了一颗鹰蛋，带回养鸡场，把鹰蛋和鸡蛋混在一起，让一只母鸡来孵。孵出来的小鸡群里有一只小鹰，小鹰和小鸡一起长大，因而不知道自己除了是小鸡外还会是什么。它很满足，过着和鸡一样的生活。但是，当它逐渐长大的时候，它内心里就有一种奇特不安的感觉，它不时想：我一定不是一只鸡！只是它一直没有采取什么行动！直到有一天，一只老鹰翱翔在养鸡场的上空，小鹰感觉到自己的双翼有一股奇特的新力量，感觉胸膛里的心猛烈地跳着。它抬头看着老鹰的时候，一种想法出现在心中：养鸡场不是我待的地方，我要飞上青天，栖息在山岩之上。它从来没有飞过，但是它的内心里有着力量和天性。它展开了双翅，飞升到一座矮山的顶上。极为兴奋之下，它再飞到更高的山顶上，最后冲上了青天，它发现了辽阔的青天，更发现了伟大的自己。

当你听到这个寓言时，你也许会说："这不过是个很好的寓言而已。我既非鸡，也非鹰。我只是一个人，而且是个平凡人，因此，我从没期望过有什么了不起的事业。"或许这正是问题的所在——你从来没有期望过自己能够做出什么了不起的事来。这是实情，而且这是严重的事实，那就是你只把自己钉在自我期望的范围之内，你没有超越的渴望，更没有深挖掘隐藏在你体内的巨大潜力。但人体确实具有比表现出来的更多的才气，更多的能力，更有效的机能，它们犹如隐藏在海水之下的冰山，只待你去积极地发现。不论有什么样的困难或危机影响到你的状况。只要你认为你行，就能够处理和解决这些困难或危机。对你的能力抱着肯定的想法，就能发挥出积极的潜力，并且因而产生有效的行动。

当一个普普通通的农夫看到自己的儿子被突然翻倒的卡车压在车下时，这个160厘米高、60公斤重的农夫毫不犹豫地跳进水沟，双手伸到车下，把车子抬高了起来，让另一个跑来援助的人把孩子救了出来。当地医生很快赶来了，给男孩检查了一遍，只有一点皮肉伤，其他毫无损伤。这个时候，农夫开始觉得奇怪了，刚才他去抬车子时根本没有想一下自己是不是抬得动，由于好奇，他就再试一次，结果根本就动不了那辆车子。医生说这是奇迹，他解释说身体机能对紧急状况产生反应时，肾上腺就大量分泌出激素，传到整个身体，产生出额外的能量。这就是他可以提出的惟一解释。

这个故事告诉了我们一个事实，农夫在危急情况下产生了一股超常的力量，并不光是肉体反应，它还涉及到心智和精神的力量。当看到自己的儿子可能要被压死的时候，他的心智反应是要去救儿子，可以说是精神上的肾上腺引发出潜在的力量。而如果情况需要更大的体力，心智状态就可以产生出更大的力量。

有一句老话说：“在命运向你掷来一把刀的时候，你要抓住它的两个地方：刀口或刀柄。”如果你抓住刀口，它会割伤你，甚至让你死；但是如果你抓住刀柄，你就可以用它来杀出一条大路。换句话说，让挑战提高你的战斗精神和人生品质。没有挑战未来的勇气，没有打碎旧有的你，深挖出具有巨大潜力的新你，没有充足的战斗精神，你就不可能有任何的成就。因此你首先要正视自己，相信自己，尤其在你消沉绝望的时候，你要告诫自己，这种绝望仅仅是黎明前的黑暗而已，你内心充满灿烂的光明，这种内心光明的巨大潜力足以在你心智的引导下冲出体外，将阻挡你的所有障碍击碎。你要永远记住这样一句话才会一步步走向成功，那就是——你生命中有着无穷无尽的潜力。

第四辑

人生总会有缺憾，学会接受自己

很多人总会为自己有这样那样的不足而自怨自艾，他们只知道追求完美，常常因为不够完美而不快，从而对自己信心不足。其实，缺憾也是一种美，是上天赐给我们的另一种恩惠。正视缺憾吧，让缺憾与完美同行；摆正心态吧，让心接受缺憾的洗礼，这样，你就会让自己活得更自信。

◎ 接受并利用既定现实，你才能过得更好

人生不会总是一帆风顺的，会有艰难和坎坷，这可能就是人生的缺憾。的确，厄运的到来是我们所无法预知的，面对它的巨大压力，怨天尤人只会使我们的命运更加灰暗。所以我们必须忽视缺憾，正视现实，选择一种对我们有好处的活法，换一种心态，才能不为厄运所淹没。

戴尔·卡耐基小时候和几个朋友在家乡北密苏里州的一座老屋玩，当他从窗栏上跳下来的时候，戒指勾住了一根钉子，他的一个手指被拉掉了。

受伤后，卡耐基曾尖叫过，恐惧过，可等到恢复后，他再也没有为此而烦恼过。他勇敢而平静地接受了这个现实，而且以后也几乎从来没有去想过，他的左手只有 4 个手指。

当然，重要的不是忘记，而是去适应。所以，人生的缺憾没有什么大不了。

莎拉·班珍特可以算是最懂得怎么去适应那些不可避免事实的人了。她作为戏剧界的一代巨星，一直是全世界观众最喜爱的女演员之一，但在她 71 岁那年，意外发生了：她乘船在横渡大西洋的时候遇上了可怕的暴风雨，她没有躲到舱里，而是站在甲板上想见识一下暴风雨的真面目，一不小心就摔倒在甲板上了，严重受伤。

莎拉得了静脉炎、腿痉挛，她的医生认为，必须把腿锯掉，但医生不

敢告诉她，因为莎拉的脾气非常坏。谁知，她却非常平静地说："如果必须这样，那就锯吧。"当她被推进手术室的时候，她的儿子在一边嚎啕大哭，她却潇洒地挥了挥手，说："等着我，马上就回来。"在去手术室的途中，她一直在背戏里的一句台词，有人问她是不是为解除自己的忧虑，她却说："不，医生应该高兴，他们的压力太大了。"

手术圆满成功后，莎拉开始了她的演讲生涯，使她的戏迷再次为她而疯狂。

正如一位哲人所说的：当我们不再反抗那些不可避免的事实时，我们就能节省下精力，创造出一个新的，更丰富的生活前景。在漫长的岁月中，我们都会碰到一些令人遗憾的事情，缺憾既然已经存在了，就应该把它们当做一种不可避免的事实加以接受，并且适应它，哲学家威廉·哈达威说："要乐于承认事情就是这样的，能够接受发生的事实，就能克服随之而来的任何不幸！"

住在佛罗里达州的伊丽莎白·康莉在一封给卡耐基的信上这样写道："就在庆祝北非战役胜利的同时，国防部给我送来了一封加急电报——我最亲近的人，我的侄儿永远地离开了我。

"我实在是太悲伤了，一直以来，我一帆风顺，有一份令人羡慕的工作，亲手带大的侄儿，是那么年轻，我坚信他代表着未来，会有美好的明天。可这封电报把我的生活和理想打得粉碎。

"我觉得已没有活下去的价值了，开始自暴自弃，离开我的工作，离开我的朋友，对人冷淡而仇恨，为什么我最爱的侄儿会死，为什么这么个孩子——没有开始他的生活——为什么他应该死在战场上？我异常悲伤，整天生活在眼泪和自责之中。我开始清理桌子，无意中发现了一封我早已忘记了的信，是几年前我母亲去世时，侄儿写来安慰我的，信上说：'我们都会想念她的，尤其是您，但我知道您是个坚强的人，您会撑下去的，

您也是这样对我说的：不论你在哪里，无论我们分得多远，我永远都会记住你教我要微笑，要像个男子汉，承受一切所发生的事。’

“我的心中顿时豁然开朗，耳边好像有个声音在大声跟我说：‘你为什么不照你教给我的办法做呢，撑下去，无论发生什么事，把你自己的悲伤深藏在心底，继续活下去。’于是，我又开始了工作，不再对人冷淡无礼，我只是告诫自己，事情到了这个地步，我是没有能力去改变它的，不过我能够像他所希望的那样继续活下去，这是对他最大的安慰了。我把全部的精力都投入到工作中，写信给前方的士兵，晚上参加夜校培训，结交新朋友。

“我的生活顿时发生了种种意想不到的变化，我不再为过去的那些事伤悲，我只是好好珍惜我现在过的每一天，我每天的生活都充满了快乐。”

伊丽莎白·康莉太太学会了我们迟早都要学到的一课，那就是必须去接受和适应某些事实，这也许是你人生旅途中最重要的一件事。因为很多时候，人生的不足乃至缺憾，可能对你是莫大的历练。当你忘记缺憾，战胜缺憾，你就是生活的强者。

◎ 直面不如意的自己，别害怕袒露自己的缺陷

曾经有个人幸运地获得了一颗硕大而美丽的珍珠，但那并不是颗完美的珍珠——珍珠上面有个小斑点。他想将珍珠上的斑点剔除，于是就狠下心来削去了珍珠的表层，可是斑点却还在，他接着又削去了第二层，原以为可以把斑点削掉了，可斑点依旧顽固地留在上面，于是他就不断地削掉一层又一层……最后那个斑点没有了，而珍珠也不复存在了。

人无完人，每个人都会有一些缺陷：外貌上的、性格上的、经历上的……当一个人懂得承认自己的不完美时，他也就真正地成熟起来了。

卢女士已经37岁了，两年前丈夫不幸病故，家里人都执意让她再找一个意中人，热心的朋友也劝她早日结束独身生活。卢女士虽然也看过几个对象，但都没有成功。原因是卢女士和别人见面后，总是先把自己的缺陷和盘托出，令一些人“望而却步”，她的朋友数落她时，她却振振有词：“年轻时搞对象都没有装模作样过，老了更不用掩饰，我就是这样一个有瑕疵的女人，先让对方看清楚点不好吗？”后来卢女士还真找到了一位心心相印的意中人，据说对方在假货遍地、人也爱装假的今天，就是看中了卢女士毫不掩饰、勇于承认缺陷的优点，认为她难得的实在。由于卢女士事前把自己的缺陷毫无保留地告知对方，对方“扬长避短”，两人配合默契，生活得很美满。朋友们都说，实在人有实在命，卢女士这是用袒露缺陷换来的幸福。

人有缺陷并不可怕，可怕的是刻意掩饰，自欺欺人。卢女士在对方面前大胆袒露自己的缺陷，是出自于内心的真诚和对别人的信任。她那透明的真诚理所当然也换来了对方的信赖与爱慕。把自己的缺陷袒露人前，也就同时把自己的真诚毫无保留地献给了对方。在日常生活中往往有这样的情况，越是刻意掩饰自己的缺陷，就活得越累，有时甚至还显得很尴尬。这是因为缺陷是客观存在的，掩饰往往会弄巧成拙。卢女士真诚袒露缺陷的结果，使对方理解她的缺陷，容纳她的缺陷，还有意识地弥补她的缺陷，这正是他们后来生活幸福和谐的基础。

缺陷或大或小、或多或少，人人都有。然而，面对缺陷，大多数人是去掩饰。掩饰缺陷也许是人的天性，毕竟能在大庭广众之下袒露自己缺陷的人，实属不多。因此袒露缺陷确实需要勇气，要战胜自己的懦弱，战胜自己的虚荣，还要战胜世俗的偏见。所有这些，没有超人的勇气是万万做不到的。

台湾著名画家刘墉在教国画的时候，经常发现有些学生极力掩饰自己作品的缺点，有时画得差，干脆就不拿出来了。遇到这种情况，刘墉会对他们说："初学画总免不了缺点，否则你们也就不必学了！这就好比去找医生看病，是因为身体有不适的地方，看医生时每个病人总是尽量把自己的症状说出来，以便医生诊断。学画交作业给老师，则是希望老师发现错误，加以指正，你们又何必掩饰自己的缺点呢？"

有一个男人，单身了半辈子，突然在43岁那年结了婚。新娘跟他的年纪差不多，但是她以前是个歌星，曾经结过两次婚，都离了，现在也不红了。在朋友看来，觉得他挺亏的，这不是一个好的选择，因为新娘身上的瑕疵太多了。

有一天，他跟朋友出去，一边开车一边笑道："我这个人，年轻的时候就盼望着能开宝马车，可是没钱，买不起；现在呀！还是买不起，买了辆三手车。"

他的确开的是辆老宝马车，朋友左右看看说："三手？看来很好哇！马力也足！"

"是的呀！"他大笑了起来，"旧车有什么不好？就好像我太太，之前嫁个广州人，又嫁个上海人，还在演艺圈待了20多年，大大小小的场面见多了。现在老了、收了心，没有以前的娇气、浮华气了，却做得一手好菜，又懂得布置家务。说老实话，现在真是她最完美的时候，反而被我遇上了，我真是幸运呀！"

"你说得挺有道理的！"朋友陷入沉思。

他拍着方向盘，继续说道："其实想想我自己，我又完美吗？我还不是千疮百孔，有过许多往事、许多荒唐，正因为我们都走过了这些，所以两个人都变得成熟、都懂得忍让、都彼此珍惜，这种不完美，正是一种完美啊！”

正因为这位男士能够承认自己的不完美，他才不苛求爱人的完美，结果两个有瑕疵的人才能凑到一起，组成一个幸福的家庭。从某种意义上看，人就是生活在对与错、善与恶、完美与缺陷的现实中，我们既然能从自己非常优秀与完美的现实中受益，为什么就不能从自己的缺陷中受益呢？

我们应该明白有缺陷并不是一件坏事，那些自认为自身条件已经足够好以至于无可挑剔、不必改变现状的人往往缺乏进取心，缺少超越自我、追求成功的意志，相反，承认自己的缺陷，正确认识自己的长处与短处，却可以使我们处在一种清醒的状态下，遇事也容易做出最理智的判断。

在人世间，人是注定要与“缺陷”相伴，而与“完美”相去甚远的。所以不完美也是一种完美，承认自己的不完美是一种豁达、成熟，更是一种智慧！

◎ 人生总有残缺之美，永远不要奢求十全十美

生活中，许多人喜欢不计后果地追求完美，但真正的完美没有几个人能追求到。于是就有了遗憾，有了痛苦，有了失落感。其实这大可不必，因为缺憾也有它的美，就看人们是否能体会得到。

维纳斯雕像是希腊时代的一件不寻常的杰作，它以卓越的雕刻技巧，完美的艺术形象，高度的诗意和巨大的魅力获得了观众的赞赏。她失去的双臂更是给人留下了充分的想象空间，更是令人觉得有一种摄人心魄的魅力，散发一种缺憾的美。

曾几许，有人想为她接上断臂而提出过种种奇思异想。认为如果把她失去的双臂复原的话，那一定会十全十美了。但是，“十全”的是否就一定“十美”？美的是否一定要“全”呢?

维纳斯失去了美丽的双臂，但却出乎意料地获得了一种不可思议的抽象的艺术效果，给人一种难以准确描绘的神秘气氛。试想，如果她原本双臂就完好，还会有那种神秘的魅力来吸引、攫住众人的心吗？还会引得那么多的人来研究她吗？失去给人带来一种缺憾美，但断臂的维纳斯正是因为不害怕失去，才获得比失去了的更有价值的艺术美。

有位画家，发誓要完成一幅旷世之作。于是，他把自己关在画室里，与世隔绝。几年之后，他的画作也没有问世。后来，这位画家不幸去世了。人们清理他的画室时，发现了一个被巨大的幄布遮住的画架，人们猜那可能就是画家的完美之作了。揭开后，人们发现，那只不过是一张涂满各种颜料却没有任何图案的“画”。

原来，画家一直以为画应该不断修改才能趋于完美。于是他不断否定自己，在画布上涂涂改改，直至耗尽一生精力。

事事追求完美，是人的通病。功课非得第一不可，衣服首饰非得是最流行的不可，工作非得是高薪且轻松的不可……

没有达到满意的境地之前，我们只顾极力地去改善，一心想着：“离目标还远得很呢！得再加把劲儿才行。”于是，我们总在修正的漩涡里打转，惟一的出路就是卷进水中那个无底洞，永远都游不上岸来。为了完美，我们不晓得花了多少心血。结果呢？也许花了一天的时间就完成了99.8%，但因觉得还不够完美，于是再潜心加强；一个月后往前推到了99.9%，值得吗？多花了30倍的心血，进步的幅度却只有0.1%而已，这样的回报率也未免太低了吧！

我们应该知道世界上没有什么人和事可以达到“完美”的境地。所以，你不必设定这样荒谬的完美标准，你只要尽自己最大的努力去干好每件事就可以了。

话说回来，承认缺憾的美感并不是放弃了奋斗与追求。追求完美、正视缺憾才是人生最高的境界。

追求完美是一件好事，但如果做过了头，反而比不完美更糟糕。完美主义者在做事的时候总是力求不存缺憾，哪怕是无关紧要的细节也不肯放过。这种人到头来只能被失望所击中，因为人们所做的事本来就是不完美的。完美主义者一开始就在做一个泡沫般的梦。

有个年轻人，很想把已经走过的人生重新再走一遍。他写了封信给上帝，希望这个要求能得到满足。

上帝沉默了一会儿，同意让他在寻找伴侣一事上试试。到了适婚年龄，年轻人碰上了一位仙女般漂亮的姑娘，姑娘也倾心于他。于是，他们很快结成夫妻。不久，年轻人发觉妻子虽然漂亮，可两人心灵无法沟通，他把这第一次婚姻作为草稿抹掉了。

年轻人第二次的婚姻对象，除了绝顶漂亮以外，又加上绝顶能干和绝顶聪明。可是，他又发现这个女人脾气很坏。年轻人无法忍受这种折磨，他祈求上帝再给他一次机会。

上帝点头应允了。

年轻人的第三位妻子简直无懈可击。婚后两人情投意合，过着幸福的生活。不料半年后，娇妻患上重病，卧床不起，一张病态的黄脸很快抹去了年轻和漂亮，聪明也一无是处，只剩下了毫无魅力可言的好脾气。

从道义上讲，年轻人应和她厮守终生，但从生活角度看，无疑是相当不幸的。人生只有一次，无比珍贵，他试着问上帝能否再给他一次机会。上帝面有愠色，但最后还是同意了。经历了这几次折腾，年轻人个性已成熟，交际也老练了，最后终于选到了一位年轻、漂亮、能干、温顺、健康的“天使”女郎。不想，“天使”却看不上他。

年轻人正在人生路上踟蹰，忽见前方竖起一杆路标，上面写道：“完美是种理想，允许你10次修改也不会没有遗憾！”

人生确实有许多的不完美，但我们可以选择走出不完美的心境，而不是在“不完美”里哀叹。当然，也不是去一味地追求所谓的完美。只有承认软弱，才可能变得坚强；只有面对人生的不完美，才能创造完美的人生。

◎ 欣赏自己的不完美，相信自己就是最好的

人生确实有许多不完美之处，每个人都会有这样或那样的缺憾。其实，没有缺憾我们无法去衡量完美。仔细想想，缺憾其实不也是一种美吗？

有这样一位女子，她喜欢自助旅行，一路上拍了许多照片，并结集出版。她常自嘲地说：“因为我长得丑，所以很有安全感，如果换成是美女一个人自助旅行，那就很危险了。我得感谢我的丑！”

英国有位作家兼广播主持人名叫汤姆·撒克，事业、爱情皆得意。他只有130厘米，但他不自卑，别人只会学“走”，他学会了“跳”，所以，他成功了。他有句豪言：“我能够得到任何想要的东西。”

其实，在人世间，很多人注定与“缺陷”相伴而与“完美”相去甚远。渴求完美的习性使许多人做事小心谨慎，生怕出错，因此，必然导致其保守、胆小等性格特征的形成。在现实生活中我们不难发现，有的人长

得一表人材，举止得体，说话有分寸，但你和他在一起就是觉得没意思，连聊天都没丝毫兴致。这些人往往是从小接受了不出“格”的规范训练，身上所有不整齐的“枝杈”都给修剪掉了，失去了个性独具的风采和神韵，变得干巴、枯燥，没有生机，没有活力。客观地说，人在性格上的确存在着“缺陷美”，即在实际生活中，那些性格有“缺陷”而绝对不属于十全十美的人反而显得更具有内在的魅力，也更具有吸引力。

不仅人自身是不完美的，我们生活的世界也是布满缺憾的。比如：有一种风景，你总想看，它却在你即将聚焦的时候巧妙地隐退；有一种风景，你已经厌倦，它却如影随形地跟着你；世界很大，你想见的人却杳如黄鹤；世界很小，你不想看见的人却频频进入你的视线；有一种情，你爱得真、爱得纯，爱得你忘了自己，而他（她）却视如垃圾，如果能够倒过来，多好，可以不让自己再忍受痛苦。世上有许多事，倒过来是圆满，顺理成章却变成了遗憾。然而，世上的许多事情正是在顺理成章地进行着，我们没办法将它倒过来。

缺陷和不足是人人都有的，但是作为独立的个体，你要相信，你有许多与众不同的甚至优于别人的地方，你要用自己特有的形象装点这个丰富多彩的世界。也许你在某些方面的确逊于他人，但是你同样拥有别人所无法企及的专长，有些事情也许只有你能做而别人却做不了！

学会欣赏自己的不完美，并将它转化成动力，才是最重要的。

中国古代哲学家杨子曾对他的学生们说：“有一次，我去宋国，途中住进一家旅店里，发现人们对一位丑陋的姑娘十分敬重，而对一位漂亮的姑娘却十分轻视。你们知道这是为什么吗？”学生们听了之后说什么的都有。杨子告诉他们，经过打听才知道，那位丑陋的姑娘认为自己相貌差而努力干活而且品格高尚，因此得到人们的敬重；那位漂亮的姑娘则认为自己相貌美丽，因而懒惰成性且品行不端，所以受到人们的轻视。

美决不只是表面的，而有着更深层次的内涵。如果表面的美失去了应该具有的内涵，就会为人们所舍弃，那位漂亮姑娘就是最好的例证。勤能补拙，也能补丑，这是那位丑姑娘给我们的启示。

欣赏自己的不完美，因为它是你独一无二的特征。欣赏自己的不完美，因为有了它才使你不至于平庸。不完美使你区别于人，世界也因你的不完美而多了一点色彩。

◎ 地位再低也不自暴自弃，你就会变得伟大

地位低下，人微言轻是不是人生的一大憾事？回答是肯定的，但是，重要的是，当人生有了某种遗憾，最大的遗憾不是遗憾本身，而是我们用什么样的态度面对遗憾。

古时有一个泰安小吏嫌自己地位低下，总是为得不到别人的尊敬而苦恼。一天，他去向老子求教："先生，我的地位太低，不仅得不到尊敬，而且时常受到欺负，你能给我出个主意吗？"老子问明了他的情况后，说："一个人能否受到别人的尊敬，并不是由他的地位所决定的。江海能成为百川汇集的地方，就是因为它处在最低的地位上啊！你要想在百姓之上，就必须对他们谦下；要想作为百姓的表率，就必须把个人的利益放在百姓的后面。这样做了，就不会有人不尊敬你了。"泰安小吏说："我明白了，为人表率，才能受人尊敬。"

一个人苦苦寻找自己的地位尊严，是无可厚非的，但却不应该把地位

看得太重。不可否认，人们的潜意识里总有着“大人物”与“小人物”的高下之别。但是“大人物”毕竟少而又少，而“小人物”就在你我身边。况且“大人物”也是从“小人物”不断变大的，所以承认自己是小人物，承认自己地位低并没有什么可耻的。

一个人，如果一定要崇尚什么的话，他应该崇尚的是智慧而不是地位。而获得智慧却并不需要先获得地位，有时候地位反而是体现价值的阻碍。

著名的古希腊寓言家伊索是一个奴隶，他相貌奇丑，但他从不小看自己，反而以自己的绝顶聪明赢得了自由之身。据说他的主人因为他的丑陋，不肯在一个官员面前承认他是自己的奴隶，说他与自己一点儿关系也没有。于是伊索就请那位官员作证，要主人解除自己的奴隶身份，因为据他说自己与他一点儿关系也没有。主人赏识他这样敏捷的才智，答应了他的要求，从此，伊索成了一个自由乡民，他为我们留下了伟大的《伊索寓言》，赢得了后人极大的尊敬。

相反，英国哲学家培根为了保卫自己的地位而不惜反戈他从前的恩人，一连串的升迁使他终于爬到了大法官的高位。但是对于历史来说，他的价值却只体现在他被迫隐居的几年里所写作和编定的那些不朽的著作上。我们今天所知道和敬佩的是哲学家培根，并不是大法官培根。他自己也感叹过，后悔没有及早退出官场，来做那份了不起的工作。

其实，大家都知道，任何伟大的成就都是平凡人从平凡的工作上起步的。韩国总统金大中，在初中时就给自己定下了发展目标：未来总统金大中。不知道他当时受过多少冷嘲热讽，可最终他确实当了总统。这样的事例不胜枚举。

地位是一个人某种能力或权力的体现，却不是其人生价值的全部体现。处于高位者有其处于高位的难处，而处于低位的往往具有处于高位者所不具备的大境界。

我们不妨换种想法：一个人无论地位高低，都要清醒地认识自己。地位高的人容易认为自己很了不起，其实未必；地位低的人容易自暴自弃，其实不必；虽然我们不能说人的尊严与社会地位毫无关系，但如果把个人的尊严完全与社会地位联系在一起，只知道从社会地位中寻找个人尊严，毫无疑问也是错误的。

◎ 追求完美是一种苛求，对自己也是一种折磨

追求完美，是人类自身在渐渐成长过程中的一种心理特点或者说一种天性。人类正是在这种追求中，不断完善自己，使得自身成为这个世界万物之精灵。如果人只满足于现状，而失去了追求，那么大概现在还只能在森林中爬行。我们对事物总要求尽善尽美，愿意付出很大的精力去把它做到天衣无缝的地步。可见，追求完美并不是件坏事。但是，人生不可能事事都如意，也不可能事事都完美。追求完美固然是一种积极的人生态度，但如果过分追求完美，而又达不到完美，就必然会产生浮躁。过分追求完美不但得不偿失，反而会变得毫无完美可言。

一位老和尚为了选拔理想的衣钵传人而设想了一道非常奇妙的“考题”。一天，老和尚对一胖一瘦两个得意门生说：“出去给我拣一片你们最满意的树叶回来。”两个徒弟领命而去。时间不久，胖和尚就回来了，递给师父一片并不漂亮的树叶，对师父说：“这片树叶虽然并不完美，但它

是我看到的最好的树叶。”瘦和尚在外面转了半天，最终却空手而归，他对师父说：“我见到了很多很多的树叶，但怎么也挑不出最完美的一片，所以没有一片是我最满意的。”

可想而知，胖和尚成为了衣钵的传人，因为他更懂得万事随缘，世上本无完美之事的道理。

也许，在人生中，我们都会遇到这样的情景，一心只想尽善尽美，最终常常是两手空空。“拣一片最完美的树叶”，人们的初衷总是美好的，但是如果不切实际地一味找下去，最终往往只会吃尽苦头，直到有一天你才会明白为寻求最完美的树叶而失去许多机会是得不偿失的。而且，人生中最完美的树叶又有多少呢？

天空不够完美，因为它有时布满阴霾，甚至狂风暴雨；大海不够完美，因为它总是惊涛骇浪，甚至卷人入底。

居里夫人说：“完美催人奋进，但苛求反而成为科学进步的大敌。”人世间许多的悲剧，正是因为一些人热衷于追求虚无缥缈的最完美的树叶，而忽视平淡的生活。其实，平淡中往往也蕴涵着许多伟大与神奇，关键是你以什么样的态度去面对它。

生活中的“完美”，只是一种“好”的程度，真正的完美是不存在的。不管是什么猫，能抓耗子的都是好猫；不管西瓜圆不圆，味道甜的就是好瓜。生活中，不要妄想什么“完美”，只要你过得充实、精彩，在幸福的时候能发现并体验快乐，在痛苦的时候能回忆并审视过去，乐观地面对人生，你的生活就是完美的。

也许你会说，追求完美者也并非都两手空空，有些追求完美的人斩获颇丰，他们取得了令人羡慕的成绩，例如网球女选手威廉姆斯。

在2004年的法国网球公开赛上，女选手威廉姆斯取得17场连胜的骄人战绩。她对记者发表胜利感言说："我还不够努力。有时候，我获胜心切；有时候，我求胜心又不够强；有时候，我不遵从教练指导；有时候，我不听从自己的安排。我讨厌在任何事情上犯错，不仅是球场上。"

可见，威廉姆斯不论在球场上还是在生活中都追求完美，不容许自己有丝毫错误。有人说，正因为威廉姆斯为自己设定了一个非常高的标准，她才能发奋图强，斩获佳绩，追求完美是她达到目标的健康动力。可是，加拿大不列颠哥伦比亚大学心理学家保罗·休伊特说："我并不这样认为……这些人往往忽略了完美主义者脆弱的一面，譬如沮丧、厌食和自杀。"

完美是一种美丽的构想，又有谁能达到完美的境界呢？要想拥有更轻松的生活，就必须学会不苛求生活中的琐碎小事，不苛求完美，因为我们都不是完美无缺的。越是极早地接受这一事实，就越能极早地拥有轻松的心态。

◎ 学会欣赏自己，不完美也是一种完美

在很多时候，人们的苦恼并不是来源于对"美"的追求，而是来源于对"完美"的追求。正是因为这种刻意追求完美的态度，使得人们不能容忍缺陷的存在，经常会被一点小缺陷遮住了整个审美的眼睛，目光只滞留在那点小缺陷上，而忽略了身边美好的东西。

超市新进了一批样式十分新颖，色调分明的高档杯子，超市的经理相

信这些杯子一定可以成为抢手货。

但奇怪的是，一个月过去了，购买这款杯子的顾客却很少。看到如此漂亮的杯子，很多顾客先是一番大喜，但是当拿到手里仔细观察以后都会摇摇头，放下杯子离开了。

经理百思不得其解，于是请一位心理学家来帮他分析。

心理学家拿起杯子，仔细看了之后就对经理说："你赶紧叫人把这批杯子上的盖子都拿下来，然后把杯子放在柜台上原价出售看看。这批杯子的杯身的确设计新颖而且做工也很精细，但是盖子上却有一处缺陷，顾客们很想买这个杯子，但又觉得买了有点吃亏。现在盖子一去，它们就成了完美的杯子了。"

没过多久，这批杯子就被抢购一空。

很多人对一件事很容易持悲观情绪，是因为他们更容易看到不好的一面，正所谓人情冷暖，然而最根本的原因其实是人们一直活在物质的世界中，只是关注自己资本的积累，而忽略了对自己精神的磨炼，所以对周遭的事物要求十全十美、万无一失。但世界上本就没有人们幻想中的情景，因此在追逐完美的过程中，不知不觉走向了地狱。

某地有一个医生，在家附近开了一家私人医院。由于他的医术非常高超，为人勤恳又努力，所以不惑之年时已经是腰缠万贯了，和他结交的人也都是一些社会名流，门前经常是车水马龙。

这个医生有3个女儿和一个儿子，儿子一表人才、眉清目秀，女儿也亭亭玉立。这个医生有一个习惯，就是要在晚饭后出去散步，而且只让儿子陪同。所以每次散步的时候医生都会和儿子谈论人生。他语重心长地对儿子说："你要有雄心壮志，千万不可以耽误了，你的人生是要完美的，爸爸已经给你规划好了：上中学的时候要进最好的学校，上大学要进最好的医学院，然后去国外读书，回来后要当一名一流的医生！”

这样的教导，儿子从小学到中学毕业一直听着，结果很有效，儿子不但听话懂事，而且聪明过人，学习成绩一直名列前茅。于是顺理成章进了当地最好的医学院。上大学后他对人彬彬有礼，孜孜不倦地学习，捷报频频，而往来的对象也全都是未来的俊杰。

可是问题也出现了，当地有一个规定，每个男子都必须服兵役一年。这本来没有什么大不了的，可是对把儿子的未来想象得绚丽多彩的父亲来说，这确实可以说是一个重大的损失。为了使儿子可以逃避兵役，他想了很多办法，但都没有成功。

儿子服役临走的时候，父亲劝慰孩子，那就把它算做是完美人生中减去一年吧。父亲在路上还不忘叮咛儿子：“儿子，下了操你一定要找个角落苦背英文单词，千万不要忘记啊！”

儿子去服役的那一年，医生觉得日子比一个世纪还要长，甚至给人看病的时候都无法集中精力。但是时光如流水，看似不动其实在流淌，转眼就要到服役期满的时限了。然而，就在这个时候有人送来了一个似晴天霹雳的消息：儿子在军营里不幸身亡了！

儿子身亡的事情在军营里一直都是一个谜，军营上上下下地进行调查，最后的结果是儿子因为和别人发生一次口角，耿耿于怀，甚至忘记了自己的远大前程，他一时无法忍耐，愤然举枪自杀了。

医生怎么可能忍受这样的打击？他发誓非要查出“迫害”儿子的线索不可，这一查就是几年。几年下来，他的医院也荒疏了，服务水平也下降了，钱囊也日渐干瘪了，他自己更是失魂落魄，日渐衰老。终于有一天，他不得不把医院关了。又过了一年，积郁很久的医生在家里突然大发雷霆，砸碎了家里名贵的物品，妻子小心翼翼地将碎物收拾到房间外，可是转眼却被反锁在门外，妻子顿时觉得不妙，急忙找人砸门，但是为时已晚，只见火光如柱，听到一声惨叫……

美国曾经有一项民意调查："你愿意用克隆的方法获得一个完美无缺的孩子吗？"

民意调查的结果显示只有6%的人希望得到完美无缺的孩子，而76%的人却毫不动心，有对夫妇说："我们已经领养了4个孩子，他们有着不同的肤色和不同的家庭背景。不要说'完美'，他们从相貌、智力上都和正常的孩子有一定的距离。其中有两个孩子因为智力不健全需要长期耐心地辅导。但是，要有人用完美的克隆儿和我们交换的话，我们只有一个答案：不！"

接受生活中的不完美，就像接受不同的颜色，正是因为有了不同的色彩，才拥有了多彩的人生。况且生活中的那些"不完美"正是让人谦卑、爱怜和珍惜的主要原因。

两个友人结伴去野外露营，半夜的时候一个人醒来，问身边的同伴："你看到了什么？""我看到了满天的星斗，你呢。""我看到我们的帐篷被偷了。"两个人无奈，只好驱车回家，结束了这次并不十分愉快的露营。半年以后，两个人相遇，交谈中得知对方都已经失业了，看到星空的人因为无法达到老板的标准所以被开除了，看到帐篷被偷的那个人因为无法和同事友好地沟通交流所以辞职了。说到这里的时候两个人同时萌生了一个大胆的想法：为什么我们不一起办一个公司呢？后来，他们的公司真的开业了，看到星空的人出任副总经理及人事部长，看到帐篷被偷的人出任总经理及产品质量部长，最终他们的公司获得了骄人的业绩。

这就是生活，何必要求事事都完美，当两个不完美的东西结合在一起的时候可能就是迎来完美的时候。空想社会主义创始人之一的托马斯·阿奎把完整或完美作为美的第一要素。大哲学家也说"完美是毒，缺陷是福"。世界上没有十全十美的东西，完美是一个不可能达到的至美境地，任何事物总会有一丝瑕疵，但它也是美的，这就是认识的辩证法。正确看待完美，才可以客观地接受不完美。

渴望完美代表了人们一种理想的追求，不同时期的人对“完美”都求知若渴，但完美是一条路的终结，是人们永远也到达不了的一个地方。然而人们又不停地渴望它和走向它，这是人们的倔犟和伟大。

第五辑

不抛弃不放弃，信念是成功的最大资本

不论遇到什么事情，不论经历多大的坎坷，都不要往两边看，也不要回头看，要坚守着自己的信念脚踏实地往前走，再苦再难也要坚持下去，坚持到底就是胜利——坚持会让人生大放异彩。

◎ 做就要做到底：永不放弃就能走向成功

成功者，是在与坎坷的奋斗中，在永不放弃初衷的追求中，不断战胜自己，走向辉煌的。

世界上只有两种动物能到达金字塔顶。一种是老鹰，还有一种居然是小小的蜗牛。一般人很难想象，两种如此悬殊的动物，它们之间是以何标准来进行类比的。一个是矫健、敏捷、展翅千里的雄鹰；而另一个则是，永远都背着厚重的壳，缓慢蠕动，日行方寸的蜗牛。它们从出生就注定了一个在天空翱翔、一个在地上爬行，是完全无法类比的两个极端，为什么都能到达金字塔顶?

事实却用另一种思维告诉我们，鹰能到达金字塔顶，归功于它有一双善飞的翅膀；蜗牛能抵达目的地，归功于它认准目标，永不停息的执着精神。

那些希望成功的人，就应该具备蜗牛那样不达目的、永不放弃的品质。

美国第三大汽车制造商克莱斯勒公司的总裁李·艾科卡，就是这样一位从一个默默无闻的推销员做起，凭着锲而不舍、转败为胜的奋斗精神取得成功并赢得人们的尊敬的。

1924年10月15日，李·艾科卡出生于美国宾夕法尼亚州的艾伦敦。艾科卡的父亲白手起家，有一种坚毅不屈的性格，不管身处何种处境，始终抱着乐观的态度和坚定的信念。这些都给艾科卡留下了深刻的印象。父亲是艾科卡一生中最好的老师，教会他在经受各种各样的事业上的打击时，都不放弃追求。

在父亲的耳濡目染下，艾科卡很小就显露出做生意的头脑。在父亲的帮助下，他经营的第一家小餐馆，为他赚得第一桶金，偿了他的夙愿。

也是父亲把他带进了汽车行业。在艾科卡年满16岁时，父亲便怂恿小艾科卡去考汽车驾驶执照。结果，艾科卡成为小镇上第一个会开汽车的小伙子，并从此与汽车结下了不解之缘。

后来，他到一家汽车代销店里帮工，认识了汽车零售业这个大千世界，进而把全部兴趣和精力都投入到了汽车业上。

1945年，艾科卡大学毕业，他毫不犹豫地选择了进入福特汽车公司。一年后，21岁的艾科卡来到底特律，成为一名福特公司的汽车销售员。

艾科卡的任务就是向汽车买方解释新车的各种性能。而刚刚从事推销工作的艾科卡，没有一点推销的经验。为了学习推销技术，艾科卡把所有的时间和精力，都用来学习和掌握新的资料上。他一旦熟悉了事实资料，就研究怎样用简洁明了的方式，跟买主讲明白。在每次打电话之前，他总把要说的话再练习一遍。

他从不用欺骗的手段对待客户和分销商。每天开着汽车走访分销商。他的努力、勤恳和智慧赢得了客户和分销商的认可，销售业绩扶摇直上。艾科卡在销售上终于迈出了成功的一步。

做，是至关重要的起点，也是通向成功之路的第一步。

艾科卡毕业时，手里握着工程学、商业学、心理学等几个学位证书。他脚踏实地选择了一份最基层、但又是自己从小就感兴趣的汽车行业的工作，做一名推销员。并最终以此为起点，向着成功不断迈进。

由于一开始，艾科卡就是直接同分销商打交道，他深深体会到分销商在汽车行业的重要性和他们的甘苦。以至他成为公司的高级管理人之后，始终把分销商的意见和要求，列为自己决策的出发点之一。

20世纪50年代初，美国经济不景气，福特公司也大批裁人。艾科卡虽然没有被解雇，但也被降级。可艾科卡始终相信，只要自己做的事没有错，即使有再大的困难，也要不屈不挠地坚持到底。

1956年在福特公司销售业绩普遍下滑的情况下，艾科卡设计了一个新的销售计划。由此，艾科卡负责的地区的销售业绩直线上升，在不到3个月的时间里，销售额跃居全国首位。引起福特主管销售的副总裁的注意，并把这一新的销售计划列入公司的全年销售计划中。

艾科卡也借此业绩，登上福特公司副总裁的宝座，此时，他年仅36岁。

在总经理职位上的艾科卡认识到，若要做一名优秀的CEO，不仅要有决断力，更重要的还要有在困难时期坚持到底的勇气和毅力，有坚守初衷、永不放弃的恒心。

艾科卡在福特公司先后做出几项大动作，并为福特公司带来了巨额利润。同时也成为呼声最高的总裁人选。

1970年，在他46岁时，终于成为福特公司的CEO。

然而功高镇主，他的成绩很快引起福特公司董事长亨利·福特的猜忌。亨利·福特感觉到自己的地位受到了威胁。于是，想方设法搞垮艾可卡，在一次次给艾科卡降级后，仍没有挤走艾科卡，他终于下决心解雇了艾科卡。

一时间，艾科卡成了最著名的失业者。许多朋友背弃了他，女儿们也不理解他，但他始终没有屈服。很多大公司久仰艾科卡的大名与才能，纷纷向他抛出绣球，希望聘用他。都被艾科卡婉言谢绝了，因为他惟一感兴趣的还是汽车行业，他不会因为一时的不如意而放弃自己的选择；更不会因为眼前的挫折，抛弃自己至爱的汽车行业，改变初衷，另起炉灶。他毫不动摇地坚持着。

在成功后会面临数不清的机会与利诱，荆棘与坎坷，如果没有恒心与毅力，放弃了自己初始的追求，就不会达到事业的颠峰。

艾科卡在这方面的准则是：在一条道路上走到底。这就意味着坚持，坚持做自己感兴趣的事情。

艾科卡的坚持，为他赢来了又一个机遇。美国三大汽车公司之一的克莱斯勒公司向他发出邀请，希望他能加入克莱斯勒公司，拯救由于经营不善而面临倒闭的公司，并表示可以由艾科卡接任公司董事长的职位。

而后，克莱斯勒公司在艾科卡的苦心经营下，竟奇迹般地起死回生。这也为艾科卡带来了巨大的名声和财富。

艾科卡又一次走到了他职业生涯的最高点。

一个成功的人，不仅要具有认准目标、永不放弃的精神；还要有在遇到坎坷时，坚持到底的毅力。成功者的字典里写满了奋斗、坚持，写满了在坎坷与奋斗中，不断战胜自己的精彩回忆。他们都抱有这样的信念——做，就要做到底。

◎ 机遇总在最后时刻闪现，挺住就能赢

机遇是重要的，谁也不敢说成功和机会无关，但是成功更偏爱那些勇于坚持的人们。假如说机遇是一颗颗明亮耀眼的珍珠，那么，毅力便是将它们串成项链的金线!

她是一位不幸的女人——1963年8月3日，凯瑟琳·格雷厄姆在楼上突然听到一声枪响，当她慌张地跑下楼来时，发现自己的丈夫已经饮弹自尽了。

在震惊和悲痛之余，凯瑟琳·格雷厄姆必须得面对丈夫留下来的《华盛顿邮报》这个大得吓人的摊子。

此时的她丝毫没有管理经验，而且，《华盛顿邮报》还是一家毫无特

色的地方报纸。怎么办？许多亲朋好友劝她卖掉算了。

凯瑟琳·格雷厄姆考虑很久，然后就毅然决然地做出决定，她向董事会宣布：“公司决不会出售，而且还要把《华盛顿邮报》办大，并让它成为一家能跟最著名的《纽约时报》叫板的报纸！”

这个决定标志凯瑟琳·格雷厄姆必须有足够的毅力坚持下去，而一切都在她的苦心经营下运行着。

到了1971年，又一次决定她和《华盛顿邮报》命运的时刻摆在这个女人面前——当时她面前摆着一份五角大楼的报告，这个报告证明美国政府在越南战争问题上撒了谎。对于如此重大的新闻，敢不敢把它捅出去？

先前，《时代周刊》已经因为刊登报告的部分内容而收到了法院的传票。如果《华盛顿邮报》敢刊登这份报告，那么就得冒依《间谍法》被起诉的风险。由此而引发的后果可能会危及公司的股票发行和有利可图的电视经营。

凯瑟琳·格雷厄姆在后来的回忆录里这样描述道：“在这个决定上我是拿整个公司冒险。但我最终认为，为生存而违背原则，比不能生存更糟糕。既然选择了新闻行业，那么，就应该不顾一切地、踏实稳重地走下去，要凭毅力去争取或许才有一线生机。”

经过审慎权衡，凯瑟琳·格雷厄姆决定在《华盛顿邮报》刊登那份报告。

随之而来的是轩然大波，舆论哗然不算，最高法院也开始出面调查。但凯瑟琳·格雷厄姆的这一决定意义非凡，她也承受了巨大的压力和内心的焦虑与不安，在随后的《华盛顿邮报》两位记者揭露“水门事件”时更是达到了顶峰。

然而，谁也无法否认，确实是由于凯瑟琳·格雷厄姆的英明决定，才使得《华盛顿邮报》有了今天的地位——成为世界最大报纸之一。而且，她所领导的公司，也成为过去20年里位居美国50家最佳上市公司。

付出总有回报，耕耘就会迎来收获。果敢的毅力而又不违背原则的工作作风，也为凯瑟琳·格雷厄姆自己赢得了极大的声誉！

拿出毅力去坚持，才是取得一切胜利的终极法宝！成功路上就像在爬山，容不得你有喘息的工夫。爬过山的人大都有过这样的体验：爬过一段时间以后，身体会十分疲劳，这时候如果咬咬牙，不停地坚持往上爬的话，最终总可以爬上顶峰。但是如果停下来休息一下，再往上爬的时候，两条腿就会十分酸疼，没走多远就又要休息，这样要想爬上顶峰就需要占用更多的时间，甚至是没有到顶峰就沮丧地败了下来。

为什么休息了一下却更疲劳，爬起来却更慢呢？因为我们不懂或缺少了坚持不懈的精神。

早在很久以前，德国的一家实验室为了寻找一种新型的工业原料，投入了巨大的资金和无数的人力物力，可是经过了数年的实验和研究，仍然没有任何进展，此时大家都动摇了，最后只好宣布放弃。但没过多久，一家小实验室却根据他们的实验理论和成果继续实验，发现了一种新型的化学纤维——就是后来改变了整个工业命运的尼龙！

为什么第一家实验室与成功失之交臂了呢？是因为他们的财力不够吗？他们为此投入了上千万美元。是因为他们的人才不足吗？他们汇聚了当时世界上最著名的几位化学家。是因为他们花费的时间不多吗？实验次数不够吗？他们从准备工作到最后花费了近10年，进行了上万次大大小小的实验。

既然都不是上面的这些原因，那么为什么他们却没有取得最后的成功？原因很简单，是因为他们缺少了成功最重要的一个因素——毅力与坚持。毅力是横渡职场的船，迅疾的风只会鼓动它的帆；汹涌而来的浪，只会托起它一路远行，抵达开满鲜花的彼岸。

◎ 成功是忍耐的延续，失败是因为你的放弃

成功的城堡是由一块块的砖头垒筑而成的，灿烂的阳光和美丽的彩虹也总是出现在雨后的天空！

在非洲，很多人看到过这样的情形：大象们经过一番艰苦的跋涉，好不容易到达每年固定的饮水地的时候，因为天气的干旱，很可能原来的水源已经干涸了。望着龟裂的河谷，大象们没有怨言，也没有停下来休息，而是继续前进，去寻找新的水源。在一年当中大象寻找水源的时间最长可以达到 10 个月之久。可以说大象的一生，有大半的时间是靠着坚强的毅力进行跋涉来维持生存的。

人生也是如此，一个人的成就有多大，很大程度上取决于他的耐心和毅力有多大。

拿破仑在率领军队攻打俄国的时候，有一次意外地遭遇到了大批的敌人，不过敌人很显然不知道法国方面有多少部队。而糟糕的是，双方竟在一块平原上遭遇了，很显然硬拼的话，法国肯定不是数倍于己的敌人的对手。

将军们纷纷要求出战，一向对于作战十分狂热的拿破仑竟然下令所有人坚守，任何人不允许乱动，否则以军法处置。

敌军进行了两次试探性的攻击，都被法军击败了，这时候将军们又要求战斗，拿破仑又拒绝了。就这样，双方僵持了 8 天，第九天早上，敌人开始撤退，将军们要求追击，拿破仑制止了，直到中午，拿破仑才下令出击，法国军队大胜。

事后，将军们不解地问拿破仑，这样作战的理由是什么。拿破仑微笑着说：

“战争有时候并不是谁的作战能力强就能取得胜利，有时候还要看谁有耐心。除了我们少数的几个人以外，敌人和我们的士兵们都不知道我们的兵力只有敌人的1/6。

“所以，一开始我下令坚守，一方面我们硬拼占不到便宜，另一方面，可以封锁消息，让敌人不知道我们的深浅，也可以稳定军心。

“后来，我们虽然击败了他们的两次进攻，可是他们的进攻只是试探性的，对他们的主力丝毫无损，也不适合进攻，所以我们还需要继续忍耐。

“再后来敌人撤退，一开始我们并不了解是真的撤退还是个陷阱，所以我先派人侦察，原来是他们的补给跟不上，所以坚持不下去了，这才是我们忍耐近10天等来的最好战机。”

如果拿破仑一开始就盲目进攻，一定会碰得头破血流，如果他逃跑，敌人就会发现法军的数量远不如自己，就会追击，那样也很难幸免。所以，他选择了忍耐，在忍耐中寻找最佳的出战机会，最后终于取得了胜利。

在忍耐中寻找机会是人生制胜的法宝。当然忍耐并不是说那这段时间里什么也不做，而是不断地为自己积蓄力量，最终达到“不鸣则已，一鸣惊人”的效果。

但是，人们在谈论成功的时候，总是把成功归功于好的机遇，来为自己没有成就开脱：“如果我也有那么好的机会，我也能成功。”

事实真的如此吗？

难道说机遇总会在适当的时候毫不吝啬地光顾成功者吗？

不！是他们懂得用毅力去忍耐，去等待。就像一个果农，在果子还青涩时，他绝不会动手去摘的。他知道：“心急是吃不到热豆腐的。”

成功，是毅力和忍耐的延续，而不完全是靠运气。天上掉馅饼的事情是不可能出现的。退一万步讲，即便真的有，你等不到那一刻，也同样会空手而归！

任何事情的发展都需要一个过程，让别人了解你，你了解工作或者成功，都需要一段时间。你必须要有足够的毅力和忍耐的精神，要在平常的生活和工作当中积蓄力量，积累经验，在忍耐中寻找机会、等待机会和创造机会，而不是一味地抱怨没有机会而无所作为。

事实上，对任何人来说，职场的每一步前行都是艰辛的，一撮而就的事谁能见到？在艰辛的过程中学会忍耐，在冷静的思考中寻找最佳时机，才会一击而中。

成功绝不是一朝一夕的事情，急躁不会给成功带来任何好的影响。尽管成功是辉煌的，可是成功的道路却是孤独、痛苦和充满荆棘的，不懂得忍耐，急功近利的结果往往适得其反。而机会却只愿眷顾那些能忍耐的人。

◎ 做到善始善终，耐心把一壶水烧开

哪一个人不渴望成功？成功的光环是每一个人都渴望得到的，为此，不同的人会有不同的方式去得到它。美国一家著名的管理研究机构进行了一次大规模的调查，通过对 10 万从业者的调查研究发现，那些专心于自己的工作和事业的人更容易取得成功，而那些经常转换工作或者人生目标的人，则大部分发展得不尽如人意。

对于那些没有恒心和毅力的人，他们对任何事情都缺乏专注的态度，也就不可能有敬业的精神。

对工作和事业的专注是一个优秀人才应具有的起码的职业道德。因为只有毅力和专注才可以改变一个人的现状，使他一步步到达辉煌的顶峰。相反，那些这山望着那山高的人，功亏一篑便是他们最终的归宿。

1823 年，瑞典化学家柏济力阿斯收到了维勒的一封信，这位 23 岁的德国化学博士诚恳地要求拜师学习，柏济力阿斯接受了这位弟子。

维勒聪明敏捷，领悟新事物的能力很强，也能提出一些创造性的点子，他做实验很快，但比较粗心，柏济力阿斯经常告诫他做实验要专注于实验目的，把实验的准确性放在第一位。可是维勒依然我行我素。

一年以后，维勒告别严师，回到德国从事化学教学与研究。1830 年维勒在分析墨西哥出产的一种铅矿石时，发现了一种特殊的沉淀物，他断定，这种铅矿中有一种还没有被人发现的新元素。

虽然有了这样的想法，但让人遗憾的是他并没有把精力专著于继续研究，找出这种新元素上，而是轻易地把它放到了一边。

第二年，柏济力阿斯的另一个学生、瑞典化学家塞夫斯德朗发现了这一新元素——钒。钒的原义是希腊神话中一位女神凡娜第丝的名字。

维勒非常懊悔，这一唾手可得的新发现从他手边溜走了。他把事情的经过写信告诉了老师柏济力阿斯，不久便收到了老师一封风趣而意味深远的回信：

“在北方极远的地方，有一位叫做凡娜第丝——‘钒’的女神。有一天，来了一个人敲这女神的门。

“女神没有马上去开门，想让那个人再敲一下，结果那敲门的人转身就回去了。这个人对于自己是否被请进去，显得满不在乎。

“女神觉得奇怪，就奔到窗口去瞧瞧那位掉头而去的人：‘原来是维勒这家伙！他空跑一趟是应该的，如果他不那么急躁，能专注一点，他就会被请进来的。’

“不久，又有一个敲门的人来了，因为这次他很热心地、执着地敲了很久，女神只好把门打开了。

“这个人就是塞夫斯德朗，他终于发现了‘钒’。”

维勒缺乏深入钻研的精神，使他失去了一次重大发现。从此，他汲取这一教训，专心致志地深入进行化学研究，终于用辛勤的劳动和汗水，敲开了一扇扇女神之门，成为德国著名的化学家。

在开创事业的过程中，人们总会遇到许多困难和棘手的事情；要想取得成功，更离不开脚踏实地，专注向前的精神。要想干一番大事业，更是离不开专注的精神。

只有全神贯注，你才能够越过重重障碍，也才能发挥出你所具有的一切长处，并且最大限度地调动起自己的潜能，向着成功的目标迈进。否则的话，即使成功来到了你的面前，你也会与它擦肩而过。

一句话，只有锲而不舍，你才能敲开成功的大门，步入胜利者的殿堂。

你可以把自己比做是一个烧水工，现在有太多的人不能够把一壶水烧开，很多人都是烧到60℃就撤手了。还有不少的人是这壶水没有烧开，又跑去烧另一壶。这些人本来是很有才华、可以有些作为的，可是到了最后却一事无成，终究其原因就是因为缺少把一壶水烧到底的专注精神！

苏格兰有句谚语：“再好的猎犬也不可能同时追两只兔子。”说的就是一个人需要专注地做每一件事情的道理。我们要想烧开一壶水，首先要定位，看看自己到底有什么过人之处，看自己到底有什么潜能，至少应该看看自己的兴趣何在。常常有这样的情况，一个太过优秀的人，总是认为壶壶水都值得烧，壶壶都可能烧得开。这样见异思迁，终究一事无成。

如果你能做到专一地烧开一壶水，用恒心和毅力将工作做到善始善终，那么，你不就成功了么？

◎ 没有随随便便的成功，苦难是上帝送给你的礼物

有很多人都是在最苦难的时候，做着最伟大的事情。这些被人们称为成大事的人，凭借着自己的毅力与信心，成就着辉煌事业，为后人传之、诵之。在问其成功的根源时，他们会说："是苦难打造了我，是毅力成就了我。"

一个名叫海菲的人，爱上了一位富翁的女儿，这位富翁却很势利。为此，海菲恳求老板帮助自己改变卑微低下的生活，并能够和那位美丽的姑娘相爱，一起过上幸福的生活。

海菲的老板是当时大名鼎鼎的皮货商人柏萨罗，柏萨罗很欣赏这个勇敢的年轻人，答应了他的恳求，但要验证一下他的潜力。老板叫他去一个名叫伯利恒的小镇卖一件袍子。然而，海菲有怜悯之心，却把这件袍子送给了客栈附近一个需要取暖的新生儿。

晚上，海菲带着失败的心情，满脸羞愧地回到了柏萨罗那里，但是有一颗明星却一直在海菲的头顶上方闪烁，柏萨罗将这种现象解释为上帝的启示。于是，他送给海菲记载着10个震撼古今的商业大秘密、能够实现海菲所有抱负的羊皮卷。

柏萨罗又给了他一些本金要他去远方寻找自己的成功，多年后，那羊皮卷中的智慧，使海菲成为了一名富有的商人，并实现了他的愿望，娶回了自己心爱的姑娘，随后他在阿拉伯半岛上建立了自己的商业王国。

《世界上最伟大的推销员》这本书相信大家都不陌生，这本书的作者

是奥格·曼狄诺，出生于美国东部的一个平民家庭，28岁时他读完了学校的课程，有了工作、妻子和孩子。但是后来，由于自己的愚昧无知和盲目冲动，他失去了家庭、房子和工作，成了一贫如洗的流浪者。

流浪中，他寻找着成功的答案。非常幸运，他结识了一位以后在他事业上给予巨大帮助的牧师，这位牧师解答了奥格·曼狄诺的所有困扰。并给了他一部《圣经》和一个列有11本书的书单，要他去领会。这些书是：《最伟大的力量》《思考的人》《钻石宝地》《向你挑战》《富兰克林自传》《从失败到成功的销售经验》《思考与致富》《获得成功的精神因素》《神奇的情感力量》《信仰的力量》《爱的能力》。

从此，奥格·曼狄诺就依照牧师给他的书单，把11本书细细地阅读完。渐渐地，他明白了如何去面对自己，他就像是获得新生一样，激动不已，因为，他看到了希望。

人能够创造世界上最伟大的奇迹，奥格·曼狄诺意识到了自己的潜力。他要用新的目标来充实自己，用战胜自己来回报书中智者的教诲。

之后，曼狄诺当过卖报人、公司推销员、业务经理。他用自己掌握的人生准则来挑战所从事的任何工作，当遇到困难或失败的时候，他就用书中的智慧来激励自己。终于，在他35岁的时候，创办了自己的公司——成功无止境杂志社。

奥格·曼狄诺挑战自己的成功为自己带来了巨大的荣誉，并成为美国家喻户晓的商界英雄。

曼狄诺的人生经历使人感慨，如果没有早年的苦难经历，就不会有后来的成就。不平凡的经历是成功的一笔财富，要勇敢面对，克服重重困难，才能成就辉煌的人生。

其实，人们从事的各种职业，无不如此。有许多人因为没有经历苦难的磨炼，潜藏在他们体内的力量不能激发出来，因此他们总是郁郁寡欢，才能得不到淋漓尽致的发挥。只有那些努力奋进，敢于挑战苦难的人，才能达到成功的境地，才会获得自己心中期望的东西。

一旦雏鹰能起飞时，它就会被老鹰逐出巢外，要它们在空中经历磨炼，做飞翔的锻炼。而雏鹰因为有了这种锻炼，才能做百鸟之王，才能成为追逐猎物的高手。

同样，幼年常遇阻碍挫折的孩子，以后的发展是非常好的；而那些生活宽裕，不愿接受苦难的磨炼，从没有遇过挫折的孩子，反而很难有出息，没有发展的空间。

钻石的光彩是眩目的，它照亮了每个人的眼睛。而要将坚硬的钻石的光彩展示出来，必须经过无数次的细心打磨。同理，生活中的苦难，也是一种打磨，它磨砺着人的意志，并最终使人放射出夺目的光彩。

苦难曾磨砺出无数伟大的作品。其中，监狱就是许多高贵人士萌发心志的地方，他们在监狱中经受着痛苦，写出了一部部伟大的作品。在马德里的监狱里，塞万提斯写成了著名的《唐吉诃德》；《鲁滨逊飘流记》一书也是在牢狱中写成的；《圣游记》出自贝德福德的监狱；瓦尔德·罗利爵士在监狱的 13 年当中写成了著名的《世界历史》；马丁·路德被监禁在华脱堡的时候，把《圣经》译成了德文；但丁被宣判死刑，在被放逐的几年中，仍然孜孜不倦地工作。

一个真正勇敢的人，愈为环境所迫，反而愈加奋勇，他敢于应对任何困难，因为贫穷困苦增强了他的意志、品格、力量与决心，使他成为最卓越的人。

两度获得诺贝尔奖的伟大科学家居里夫人曾说："我们的生活都不容易，但那有什么关系？我们必须有恒心，尤其要有自信力！我们必须相信我们的天赋是要用来做某种事情的，无论代价多么大，这种事情必须做到。"

正如她所说的，她的成功除了本身的天赋以外，更多地源于困难面前表现出来的恒心。也正是这一点才使她在数吨废矿渣中提炼出 0.12 克氯化镭。

在1994年夏季世界游泳锦标赛上，美国奇人珍妮·汤普森带着严重臂伤获得两枚金牌。

消息传出，的确令人叹服。珍妮·汤普森5月底摔断了左臂，6月初做了手术，共缝了100多针，用7枚钉子和钛板固定着。

她手术后就重返泳池训练。她说，本赛季的目标之一就是打破世界纪录。最后，她虽没有打破自己创造的世界纪录，但她毕竟获得了两枚金牌，她竭尽了自己的一切力量！与其说她的成绩是速度的胜利，不如说是意志和恒心的胜利。

很多成功人士都是在苦难中磨练了自己的意志，最终才走向了成功的彼岸。

◎ 君子自强不息，用恒心和毅力换取成功

《周易·乾》上有一句名言："天行健，君子以自强不息。"面对生活中一些难以解决的问题，需要拿出一定的恒心和毅力去克服，只有这样，才能取得最后的成功。

有位富人当年没有优越的物质条件来接受良好的教育和培养，但他靠着白手起家成就了一番事业，通过牺牲自己个人的舒适生活为孩子留下了一大笔产业。

但临终时，他忏悔道："在他们的教育和职业训练方面，我花费的心血太少了，他们从来不知道缺钱花是什么滋味。本来，再没有人能像我的

儿子们这样有条件成为正直而受人尊敬的人，但是结果又怎样呢？一个是医生，可是没有病人找他看病；一个是律师，可是没有一个客户；第三个经商，可是从来不到自己的账房去看看经营情况如何。我苦口婆心地劝说他们要兢兢业业，要节俭，要积极上进，但是他们把我的话当成了耳边风。他们这样回答：'没必要，爸爸，我们永远不会缺钱。你赚的钱足够我们几个花的了。'"

这个富人的话道出了一个真理，只有兢兢业业地工作，才能拥有灿烂辉煌的幸福生活。

有一个人，患上了一般人所说的"健忘症"。无论做什么事总是心不在焉，而且有的时候还记不住任何事情。在谈起自己是如何克服了这一障碍时，他说：

"我一直在一家大工厂担任一个部门的经理，都快10年了。起初工作给我一种轻松的感觉，但随着公司的扩大，业务迅速增加，我也就增加了额外的责任。在我手下的那几位年轻人都有出类拔萃的工作业绩和不寻常的精力与能力，他们都有一种要取代我位置的企图。

"像我这种大龄人都希望能过上舒适的生活，再加上我在公司已做很长一段时间的业务了，也是一个元老级别的人物了。因此，我放松了自己，觉得我完全可以轻轻松松地工作，安心地在公司呆下去。

"大约两年前，我开始注意到，我勤奋工作的能力已经衰退了，工作常常变的令我心烦气燥，忘记处理一些信件。结果，信件堆积如山，各种报告也被我积压下来，使我和我的部属都大感不便。我虽然坐在办公桌前，但却不能集中精神工作。

"其他的情形也都显示出我不能把心思全部放在工作上，有一次我甚至还忘了参加公司一个重要的会议。

"我开始思索如何才能改变这种不能专注的状况。于是，公司给我放了一个星期的假，要我修整一下自己，希望把这种情形好好改变一下。我去了一处偏远山区的度假别墅，在那儿严肃而认真地反省了好几天，我才知道原来自己缺乏勤奋工作的力量，所以我的身体及心理活动变得散漫无目的。诊断出我的毛病之后，我就寻求补救之道。我要培养出一套全新的工作习惯。

“我写下一天的工作计划。首先处理早上的信件，然后召集部属开会，处理各项工作。每天下班之前，先把办公桌收拾干净，然后再离开办公室。

“假期完毕后，我回去上班，立即把我的新工作计划付诸实施。我每天以同样的兴趣从事相同的工作。当我发现我的思想又开始开小差时，我立刻把它叫了回来。

“后来，我发现，我的新方法又使我找回了原来勤奋自信的我，我又一次成功了。”

每一个人都希望自己能够走向成功，都想在成功中领略人生的辉煌。而成功不是轻易予人的。但在中国，有一个地方却是成功者云集，并且不断有新的成功者走向社会，那就是北大。因为在这片土地上，有着辛勤耕耘的劳作，有着对生命价值的不懈追求。在这里，有一种“一万年太久，只争朝夕”的学习精神，有一群把自己融入工作、学习之中，用辛勤的汗水浇灌成功之花的人。不用说，这样的地方，当然是成功生长的地方。因此，要想获得成功，就多一点恒心和毅力。

坚强的毅力可以帮你渡过难关，坚韧的意志可以让你经受住磨练。成功之路从不平坦，在挫折中站起，在废墟中重建，只要心不死、志不灭，你就是一个顶天立地的铮铮硬汉。

◎ 再坚持一下，浅尝辄止与光明未来无缘

每一个成功都来之不易，每一项成就都要付出艰辛。对于有志于成大事者而言，不论面对怎样的困境、多大的打击，他都不会放弃最后的努力，因为胜利往往产生于再坚持一下的努力之中。

20世纪60年代末，美国实业家哈默踏上了利比亚的土地。利比亚国王伊德里斯一世在王宫的宴会上对哈默说："真主派您来到利比亚。"这句话表示了这位胡子全白的西部落领袖对哈默的尊重与敬佩。

哈默到了利比亚才发觉，除了美国为维持其轰炸机基地而支付的费用外，利比亚几乎无其他外来财政资助。在早年意大利占领期间，墨索里尼为寻找石油花费了千万美元而一无所获。埃索石油公司也花费了数百万美元，打了好几口井仍不出一滴油，只好打道回府。另外还有壳牌公司，耗资5000万美元打出的全是废井，法国公司也好不到哪去。只是当埃索公司准备撤离时才打出了一口油井，又重新唤起人们对利比亚这块土地的兴趣，认为这里是一个聚宝盆。

哈默到达利比亚时，正值利比亚政府准备进行第二轮出让租借地的谈判，出租地大多是原先某些公司所放弃的地域。根据利比亚法律，各国石油公司应尽快开发其租得的地域，如开采不出油，就须将部分租借地归还利比亚政府。

谈判开始后，来自9个国家的40多个公司参加了投标。这些公司大致分为3类：一类是财大气粗的国际性大石油公司，像埃索、美孚、壳牌等；第二类是像哈默这样的西方石油公司，它们的规模较小，但具有行业

经验，利比亚也希望其参与竞争；第三类是一些投机性的转包公司，希望得标后再转手卖出，以从中渔利。

尽管哈默同伊德里斯国王有着良好的私人关系，但公司的实力是有限的。哈默与匆匆赶来的董事们分析了第二轮竞争的形势，在4块租借地上投了标。等到开标时，哈默得到了其中的两块。一块是被壳牌等几家公司组成的“沙漠绿洲”财团认为无望出油而放弃的；另一块是莫尔比石油公司耗资百万美元探出净是干井而匆匆撤走的。

哈默对得标的两块地并不是很满意。但他还是下了大本钱，立即开始打井。刚开始，公司在第一块租借地打的头3口井滴油不见。西方石油公司第二大股东里德坚持要撤出利比亚，他说：“这里不是我们这样的小公司应该来的地方，已扔了500万美元，还能扔得起多少？”这是一番经验之谈，小公司不可能花大本钱开采这种没有几分把握的地块。但是哈默的第六感觉却促使他坚持在这里打下去，他认为不应该放弃最后的努力。

几周后，在几家优柔寡断的大石油公司放弃的地块上，西方石油公司钻出了石油，而且这是一种异乎寻常的高级原油，含硫量极低，每天可产10万桶原油。更重要的是，这个油田在苏伊士运河以西，产出的石油通过地中海和直布罗陀海峡，不到10天就可以运抵石油奇缺的欧洲国家。而大量的阿拉伯石油在苏伊士运河不通时，只有被迫绕道好望角，历时两个月才能运抵欧洲。与此同时，哈默的好运气又在第二块租借地上出现了。西方石油公司利用新的地震勘探技术，仅耗资100万美元就打到了一口珊瑚礁油藏，不用油泵，石油也会无休止地喷涌而出。不久又打出了第二个日产7.3万桶原油的珊瑚礁油藏。

至此为止，规模不大的西方石油公司竟成了利比亚最大油田的主人。哈默得到了比奇特尔公司的支持，着手进行一项耗资1.5亿美元的油田开发计划，要铺设一条巨大的输油管道，全长130英里，日输送原油100万桶。这条管道将成为利比亚境内最大的输油管。

哈默这种“追求目标，不放弃最后努力”的执着精神，是每个创业者都应该学习的。浅尝辄止、遇到困难就退是创业的大忌，也是人生失败的致命原因。

内蒙古伊利实业股份有限公司总经理郑俊怀，就有一种愈挫愈坚的精神。

1983年底郑俊怀被任命为呼和浩特市回民奶食品总厂的厂长，那时候谁见了这个厂谁头疼。设备简陋、工艺落后、人员素质不高、管理混乱，所有这些条件只有一个征兆，那就是濒临倒闭。可是在逆境中成长起来的郑俊怀对此没有丝毫的顾忌，他相信，凭借自己的勇气和全厂职工的支持，不怕食品厂不旧貌换新颜。

上任伊始，郑俊怀先为企业制定了各项制度，这使企业很快就走上了正轨。接着，他把生产新产品作为企业发展的突破口。为了确保新产品在春节期间上市，到了腊月二十八，郑俊怀和工人们都不休息。经过多次试验，他们的新产品——一角钱一支的奶油冰棍终于面市了。可是在市场上，这种新产品却不受人们喜欢。首次开发的新产品以失败而告终，人们对他的信任也遭到了挑战。

在这种情况下，职工们的情绪非常低落，没想到自己的心血就这样白白花费了。有些工人甚至心灰意懒，什么事都不想做，郑俊怀却好像没发生什么事似的，他抚慰职工们说：“这算什么，我们要做的是大事，做大事就不能向困难低头。自古以来，哪个做成大事的人没有经历过失败。”与此同时，他也在寻找着失败的原因。后来他找到了原因所在：企业要想发展，必须开发出新的高质量的乳制品，而不是一角钱一支的奶油冰棍。

1984年的正月十五，别人都沉浸在元宵节欢乐的氛围中，郑俊怀却独自一人到上海考察冷饮市场和生产设备。在那里他看上了一种生产雪糕的设备，但是这种设备非常抢手，即使付现款也得等一年才能提货。况且当时的回民奶食品总厂根本就没有钱，这个难题摆在了郑俊怀面前。郑俊怀马上返回呼市向银行要求贷款，可是回民奶食品总厂是个小厂，又面临亏损，企业信誉不高，银行拒绝贷款。

面临艰难处境，郑俊怀劲头儿十足，他每天都在银行里死缠硬磨，就这样坚持了1个多月，他这种“得不到贷款誓不罢休”的精神感动了一位农行领导，才贷到了10万元资金。贷到款后，郑俊怀马上派了两位厂领导去上海。这两位厂领导走之前对郑俊怀说：“我们一定尽力把设备买回来。”郑俊怀生气地说：“把‘尽力’那两个字去掉，你们一定要把设备买回来。”两位厂领导犯了难，说：“人家要是不卖呢？”郑俊怀说：“我怎么把款贷出来的，你们就能怎么把设备买回来。”两位厂领导茅塞顿开，到了上海后不辞劳苦，一遍一遍地找厂家，厂家终于被两位领导的诚意打动了，把设备卖给了他们。

困境和挫折不能打消企业家的信念，在企业家的眼中，困境是为了保持身体健康而必须吞下的一剂良药。

设备到达厂里后，郑俊怀为了抢时间不分昼夜地与工人们并肩作战，不到一个月，设备就安装完毕，靠这套日产雪糕10万支的设备，回民奶食品总厂当年的利润达到了10万元。就是这10万元利润，鼓舞了职工们的信心，使郑俊怀的企业向着成功迈出了一大步。

困境可以检验一个人的品质，如果一个人敢于直面困境，积极主动寻求解决问题的办法，那么他或迟或早，总会成功。如果一个人被困难吓倒，灰心丧气，无所作为，那么即使困境局面消除，他也不会走出失败的阴影。

第六辑

追求高远的人才会有宽广的人生

你做什么样的人取决于你自己。拿破仑·希尔说："没有追求，不可能发生任何事情，也不可能采取任何步骤。如果没有追求，就只能在人生的路途上徘徊，永远到不了任何地方。"一个人只有追求高远，才能够活出自己的精彩。

◎ 只要有进取心，成功就不是一块有限的蛋糕

一块刚制造出来的航海罗盘，在没有经过磁化之前，指针的方向是混乱的。一旦磁化后，它就像被一种神秘的力量支配着，总是指向同一个方向，永远地指着那个方向。

如果用在人的身上，这种神秘的力量就是我们所说的进取心。它使我们不断地努力，从不懈怠，从不满足。每当我们走过一段，跨出一步的时候，它就会在下一个目标处向我们挥手。

永不停息地超越自我，是每个人都应该拥有的一种心态，也许生活中最重要的历程是超越了生存意义的活动。当我们参与某项活动，实现了以前想都不敢想的梦想时，一份罕见的、甜美的时光就会充满我们的生活。

记得有人曾向美国薪水最高的职业经理询问过成功的秘诀，而那位经理说出的话却让当事人很费解，他说："我还没有成功呢，没有人会真正成功，前面还有更高的目标。"

是的，人都为成功而来，也为成功而活。绝大多数人能不怕艰难险阻走完人生历程，就是因为对成功的渴望始终存在。把这种渴望叫做信念也好，使命也好，责任也好，任务也好，总有期盼和牵挂，总有要完成的欲求，否则就会心有不甘，死不瞑目。

辉煌的成就属于那些锐意进取的人，因为成功有明确的方向和目的，如果自己不求上进，谁拿你也没有办法，自己不行动，上帝也帮不了你。

成功的蛋糕是切不完的，关键是你是否去切。你能否成功，与别人的成败毫无关系。只有你自己想成功，才有成功的可能。

经常在实践中摸爬滚打的成大事者都很清楚，失败是不可避免的。因

此他们决不会耗神费力让偶尔的失败腐蚀自己的坚毅，而是用更多的力量去争取成功，争取胜利。要不停地激励自己向着更高的目标前进，拥有了这个习惯，就可以把身上不好的习惯和品质消灭掉，消灭掉它们赖以生存的环境和土壤。

许多人早就意识到了进取心的作用，他们用进取心敲开了自己的心灵之门，在多次的磨练和严重的打击下更加坚定了决心。即使你有一颗成大事的雄心，如果不能摆脱自身的坏习惯，没有坚定的进取心，在多种意外的打击下，意志随之也会削弱，曾经的雄心壮志也就会化为轻烟薄雾，没有实现的可能性。

美国著名的企业家查尔斯·齐瓦勃先生的事迹就是一个很好的例证。他一开始生活在宾夕法尼亚的一个山村里，从事着马夫这个卑微的职业，可是谁又能想到他以后会成为一个声名显赫的人物呢？

抛弃了马夫职业的时候，他做的第一份工作是在钢铁大王安德鲁·卡内基的工厂做工，他并没有把这份工作的薪水看的有多重，他所关心的是新的位置和过去的位置相比哪个更有前途和希望。正是这种想法使查尔斯·齐瓦勃在新的位置上拼命地工作，他希望通过自己的努力换来等价的回报。在他快30岁的时候，做上了卡内基钢铁公司总经理的位置，也许这与他有高尚的目标、执着的进取心有关。当他39岁的时候，他又做到了全美钢铁公司总经理的位置上。查尔斯·齐瓦勃的一系列成功离不开他要做“同事中最优秀者”的决心和坚持。

正如著名的心理学家亚伯拉罕·马斯洛博士所说：“每个人都可以选择是向后走求安稳，还是向前走求发展。如果发展是你每次都要做出的选择，那么困难也要一次又一次地克服和战胜。”

齐瓦勃选择了后者，他不求安稳的生活，他要努力地向前发展，用乐观的心态、执着的进取，做伟大的事业。只有把工作做得尽善尽美、精益求精，才能成为公司的重要成员。齐瓦勃就沿着这条路一直走着，最终他成功了。

要想拥有成功的人生，就必须拥有执着的进取心，不要拘泥于一个平庸职位上的不菲薪水，而丧失了向更好位置上奋进的斗志。

如果你现在的位置是一名职员，但你有着进取心，你想要迅速地得到提升，就要勇于做那些别的同事不能做或不愿做的工作，去努力完成它，只要你能攻克这个课题，你就能很容易实现你最初的心愿，超越那些资力比你高的职员。

要想拥有成功人生，就应该具有强烈的进取心，满足和充实自己的需要，寻找最适合自己的事业，追求卓越的成就。

◎ 你的心有多大，你的人生舞台就有多宽广

心有多大，舞台就有多大；志有多高，路就有多远！

微软的一位主管和总裁比尔·盖茨在主持面试的时候，同时有3个应征者脱颖而出。最后，主管问他们："进微软以后，你们有什么打算？"

第一个人说："能进这么伟大的企业工作是我的荣幸，我将尽全力做好自己的本职工作，争取把分内的一切事情做到最好。"主管赞许地点了点头。

第二个人说："不瞒您说，我感觉自己的压力很大，微软是一个优秀人才聚集的地方，如果我能有幸进入的话，我希望适应的这一段时期内不要犯什么错就好。"

第三个人则说："每个人都希望有发挥自己才能的舞台，而微软正是

一个发挥能力的好舞台，我希望能把任何一份工作都当成学习和积累的机会，最终成就一番大事业！”

比尔·盖茨笑着问：“那么，您所指的事业，是指什么呢？先生？”

那位应试者说：“和您一样，先生。”前两位面试者当中有一位是第三位面试者的朋友，他拼命地给第三个面试者使眼色。

没想到，比尔·盖茨说：“好，心有多大，舞台就有多大，既然你有雄心，我愿意为你提供这个表现自己的大舞台。”

会后，面试官不解地问比尔·盖茨：“那个人要么是个空想家，要么是个狂妄自大的家伙，即使他真的有才能，从他说的话来看，他将来即使是成功了，也不会再留在公司，为公司所用，为什么还要录取他呢？”

比尔·盖茨说：“一个人能否取得成就，与他的志向有着直接的关系，一个没有大志向的人，即使再有才能，也不可能取得大的成绩，因为他的人生早已被他的鼠目寸光给羁绊住了。也许像你担心的那样，他将来有所成就的时候可能会离开微软，可是他为公司创造的利润将会比任何普通员工都大。这对我们而言，并没有失去什么。”

果然不出比尔·盖茨所料，微软在录取了这3个人之后，前两个人工作都兢兢业业，成为合格的员工，而最后一个人则工作出色，很快就进入了公司的管理层，为微软的发展做出了很大贡献。后来，离开微软后成为一家著名企业的老板。

人生就好像爬山，最重要的是先给自己定一个高度，如果你只把自己的人生目标定在半山腰，那么你就绝对不可能爬上荣誉的顶峰。

500强企业之一的美国国际贸易公司的CEO詹姆斯从业之初只是一个小职员，没有任何家庭或者社会背景，他说：“当时我只是一个穷小子，根本就没想过会成为一家国际企业的管理者，更没想到有一天自己会坐到今天这个位子。我只是在想着如何能解决自己的温饱，一次偶然的事件让我改变了想法。”

那时候，詹姆斯还在一家名不见经传的公司里当推销员，一次他为了推销一种杀虫剂，敲开了一个老人的家门。老人一个人孤独地住在一套房子里，出于同情，詹姆斯经常过来和老人聊天，很快，两人就成了无话不谈的朋友。

原来，老人竟然是沉船打捞业内最著名的潜水员之一——杰斯·瑞尔，老人谈起了自己以前的一些经历，其中有一段话让詹姆斯感受颇深。

老人说：“海底打捞是一个看起来很渺茫的工作，你根本不了解你要去的地方是哪里，在那里你又会碰到什么，你也不知道你今天到底要潜到什么深度，这一切的一切都是未知的。”

詹姆斯问：“那么您又是怎么坚持了这么多年呢？”

老人说：“是志向，我的朋友。我的志向就是要把那些沉睡在海底的宝藏和无尽的秘密展示到众人的面前，一想到这个，我就会热血沸腾。广阔的海底世界，成了我一个人的舞台，其中的任何东西都成了我的道具，而我是真正的主演，正是这种颇有成就的自豪感，支撑着我一直从事这项事业，并取得了不少成就。”

老人拿出很多他以前打捞出来的沉船的照片给詹姆斯看，脸上洋溢着无限的幸福。

经过这次谈话以后，詹姆斯彻底抛弃了以前只为满足温饱问题的人生目的，把成为世界上最优秀的管理者作为自己人生的目标，他说，他也要拥有一个广阔的舞台——一个能展现自我的舞台！

成功以后的詹姆斯在回答记者时这样说：“当我认定了自己要做一个什么样的人以后，以前一直困扰我的许多问题都迎刃而解了，原来压抑沉闷的心情也一扫而空，就好像在很远的地方亮起了一盏灯，原来你不知道自己该往哪走，而现在，虽然你离那盏灯还很远，可是至少你不会迷失方向了！”

停顿了一下，詹姆斯继续自豪地说：“这种感觉就好像是你原来站在漆黑的舞台上，根本就不敢动，然后所有的灯一下子全都打开了，你可以清楚地看到周围的一切，你可以尽你的才华进行表演了。”

世界上绝大多数优秀的人都是从基层一步步走向金字塔顶端的，他们的成功都有着一个共同的秘诀，那就是：让自己拥有一颗高远的心，在广阔的舞台上点亮自己理想的明灯，尽情地挥洒自己的才华，最终获得经久不息的喝彩与掌声。

◎ 经常问问自己：我的人生目标在哪里

在成功的路上打拼，就好比是在大海中航行，放眼四望，都是茫茫海水，无边无际，这时候如果只是一味地用桨来扑打海水，看似在努力划船，实际却连自己要到什么地方都不清楚，这时候，最需要的就是一个罗盘，指明正确的方向，这样，努力划船才会越来越靠近陆地，就像志在高远的鸿鹄，目标明确。所以，我们要不时地问一下自己："我的目标是什么？我想成为一个什么样的人？"

有了明确的人生目标，有了远大的理想与规划，在工作和学习的过程中就更有针对性，就好像在大海中航行有了罗盘一样，有了明确的方向，就不会做无用功，就会少走很多的弯路。

1985年，在法国布鲁塞尔的一所学校里，一群年轻人刚刚毕业，因为当时国家的经济不景气，想找到一份好的工作并不容易，所以大家都把绝大多数精力用在找一份稳定高薪的工作上。

一家国际知名的化妆品公司看上了他们当中的丹妮·亚塞尔，因为她在学校里成绩优秀，擅长交际，而且人长得也很漂亮，他们希望丹妮能够到他们的市场部工作，并许诺了优厚的薪水，正当大家都想为丹妮庆祝的时候，丹妮却经过慎重考虑婉拒了这份工作。

她的好朋友问她：“你是不是疯了，大家做梦都想要的好工作就在你的手里，你只要签个字就可以得到了，你为什么还要拒绝？”

丹妮回答说：“是的，他们给了我相当优厚的条件，可是我的人生目标是做一名管理者，他们提供的工作和我的人生目标并不相符啊。”

在大家的不解中，丹妮最终到了一家名不见经传的化妆品公司做了一名小主管，其他的同学也陆续找到了合适的工作。5年以后，在一次同学会上，大家又谈起了各自的工作，大多数人都在自己的工作岗位上默默无闻地工作了5年，并没有什么建树，而丹妮却已经成了一名出色的管理者，一家实力雄厚的化妆品公司的最高决策者——该公司的CEO。

朋友们都佩服丹妮的眼光，她们说：“丹妮你真是有眼光，当时我们还都认为你一时头脑发热才选择那家小公司呢。”

丹妮说：“我哪有什么眼光，我只是觉得，自己应该有一个明确的人生目标，并为之奋斗，其他的并没有多想。”

是的，正是靠着这种对自己理想的明确信念，才成就了丹妮最后的成功。

拿破仑说过：“不想当将军的士兵，不是好士兵。”一名士兵，如果没有成为英雄、成为叱咤风云的将军的崇高理想，在战斗当中就不可能奋勇杀敌。没有明确的工作目标也一样会一事无成。

巴西国家工业总公司主席里斯特劳有一条著名的“伐木法则”：一群伐木工人到丛林中去伐木，大家都砍了一些小树就休息了，而一名伐木工却找到一棵参天大树砍了起来，大家都嘲笑他傻，等到晚上回去的时候他还在拼命地砍，最后他终于砍倒了这棵树，卖了个好价钱。

这个故事听起来简单，实际上很有道理，就是人在做某件事情的时候一定要有明确的目标。有了明确的人生目标，就更容易成功。

里斯特劳曾经做了两个著名的实验。一个是让两个妇女去购物，他让这两个妇女在不同时间去同一间商店里买同一条裙子，他要求第一个人必须把价格砍到50元，否则就不要买。而对另外一个人则没有具体要求，只是要她尽全力砍价。结果第一名妇女成功地以50元买到了衣服，而第二个则花了70元，并且说她再也不可能砍下去一分钱了。

第二个实验中，他找来一名车床工人，他问："你一上午最多能车多少这种零件？"工人回答："大约70个吧。"然后，里斯特劳继续问："那么你有可能做出100个吗？"工人喊道："那是不可能的，杀了我也干不了那么多。"

于是里斯特劳对工人说："那么你现在开始干，今天争取做出75个。"经过半天时间，果然做出了75个。第二天里斯特劳说："那么今天你继续加油，看看能不能做到80个。"工人又做到了，就这样，到了第六天，奇迹发生了，工人一上午时间做出了100个零件。

这就是目标明确的力量！在里斯特劳的公司里，这样具体用数字描述的目标随处可见，员工们已经把这种方法成功地运用到了工作的各个方面。正因为如此，巴西国家工业总公司才成为全巴西工作效率最高的企业之一。

人为什么而活着？一千个人也许会有一千种答案，可是所有的答案归结起来，可以总结成一句话：人是为了某种目标而活着。

生活在这个世界上，总要有些目标，这些目标才是人生发展的惟一动力！作为杰出的企业管理者，他们做任何事情都有明确的目标。什么该做，什么不该做，做这件事情要获得哪些收获，得到一个什么样的结果，他们都会了然于胸。正是这些明确的目标，让他们的工作更直接、更有效率。

在规划自己人生的时候，在忙忙碌碌工作的时候，在为自己的将来犹豫不决的时候，我们都应该认真地问一下自己："我的人生目标是什么？"

◎ 没有使命感的人，很可能会迷失方向

一个人为自己制定了远大的理想，就好比是在生活的土壤中埋下了希望的种子。但是理想并不等同于成功，如果不经过长期的努力去拼搏，那么再美的理想也只能是镜中花、水中月，最后都将化成虚无的泡影。

理想的种子要想绽放成功的花朵，还需要细心的呵护才行，这种呵护就是使命感。理想的制定很简单，可是实行起来的时候往往困难重重，高远的鸿鹄为何不惧风雨地前行？正是因为它们具有志在高远的使命感！

使命感就是人们对于自己理想的忠诚、执着、热爱和传道狂般的狂热，并把理想的信条贯穿于自己全部的生命中！使命感给你的理想装上了翅膀和轮子，给你生命的战车装上了盔甲和武器，它们让理想走得更快，让生命的战车战无不胜，攻无不克！

一次，松下集团为了选拔一位南美区的总负责人，在全世界的各个部门内寻找最优秀的人选。经过激烈的竞争和层层选拔，最后剩下两位最优秀的松下中层主管被送往总部接受总裁的面试。

两位主管，一位是美国松下公司客服部的经理马克·戴维，另一位是来自马来西亚松下公司产品开发部的负责人日籍马来西亚人阿巴蒂姆。两人都在松下公司任职多年，并且各自都有过辉煌的业绩。这次在众多的松下员工中，他们能脱颖而出，也充分显示了他们不俗的实力。

两人都满怀信心、兴高采烈地来到日本松下总部。进总部之前，他们

都思索着总裁会给自己出什么样的题目，自己该如何回答。但是，他们并不怎么担心，一路过关斩将地到了这里，对他们来说什么样的难题都已经经历过了。

他们接到通知："总裁松下幸之助先生让你们去东京帝国酒店，在那里你们将会得到面试。"

东京帝国酒店？那可是全日本最好的酒店，他俩兴冲冲地赶到了帝国酒店。酒店经理听了他们的来意之后，笑容可掬地对他们说道："松下先生让你们在我这儿做一个星期的服务生，这就是他给你们的面试题。"

"服务生？"戴维和蒂姆一脸的惊愕，酒店经理看了看他俩僵硬的表情，依然笑容可掬地说："从现在开始你们就是我的员工了，根据酒店的安排你们可以去洗厕所了。"

"洗厕所？"戴维和蒂姆简直有些不敢相信自己的耳朵，酒店经理拍了拍惊呆了的他们的肩膀，喊道："干吧！必须把马桶洗得光洁如新，记住是光洁如新！"

洗厕所，说实话没人爱干，何况他俩都是松下的精英，年薪过百万的高级职员。别说干了，就是想也没想过自己有一天会去洗厕所。那种视觉上、嗅觉上以及体力上的折磨都会令他们难以承受，心理暗示的作用更是让他们忍受不了。

经理那句重点强调的"光洁如新"更是让他们犹如挨了一记闷棍，打得他们措手不及。做还是不做？已经没有让他们有多少考虑的时间了，既然来了他们谁也没有想过要放弃。

当马克·戴维的手拿着抹布伸向马桶时，胃里立刻犹如翻江倒海，恶心得想呕吐却又吐不出来。"太难受了！"他甩下抹布，冲出了卫生间对酒店经理说："上帝，我干不了这个！"

酒店经理微笑着对戴维说："你去看看阿巴蒂姆是怎么做的吧！"

马克·戴维来到阿巴蒂姆要擦洗的那个卫生间，只见阿巴蒂姆高高地挽起他那洁白的衬衣衣袖，拿着抹布一遍遍地认真地抹洗着马桶，直到抹洗得光洁如新。然后从马桶里盛了一杯水，毫不犹豫地喝了下去。

阿巴蒂姆拿着空杯子微笑着对皱着眉头的戴维说：“‘光洁如新’，要点就在于那个‘新’字上，‘新’则不脏，因为不会有人认为新马桶是脏的，反过来讲，只有马桶中的水达到可以喝的洁净程度，才算是把马桶抹洗得‘光洁如新’了，而这一点已被证明是可以办到的！”

戴维听了他的话，目瞪口呆，惊讶地问道：“你是如何让自己做到这一点的？”

阿巴蒂姆严肃地说：“使命感，当你在工作时带上使命感，对于任何工作你都会觉得是必须认真去完成的，就好比是带着使命高飞的鸿鹄，它们是不会惧怕任何风雨的，甚至是丢了性命也在所不惜，更何况是擦洗马桶这一点小事！”

戴维不解地问道：“那么你的使命感从哪里来？”

阿巴蒂姆说：“使命感来自高远的志向，我不想安于目前的状况，虽然相比之下，我们的成就已经不小了，但我想成为像松下先生那样的人物，他让咱们到这里洗厕所，自然会有他的道理，因此我必须保有一颗虔诚的心来对待这份工作，自然而然地也就产生了无比强烈的使命感，对洗马桶也就感觉不到恶心了！”

戴维恍然大悟地说：“原来你志如高远的鸿鹄，为了能成为像松下先生那样的企业管理者，你一直让你的使命感与你同行，难怪你会做得如此出色。就算让我这辈子都洗厕所，我也要做一名最出色的洗厕所人，只有带着这样的使命感，你才会永远跑在别人的前面啊！”戴维说完，敬佩地握了握阿巴蒂姆的手，回到自己的那个卫生间，也将马桶擦洗得“光洁如新”。

当然，最终阿巴蒂姆成了南美地区的总负责人。马克·戴维在离开东京前握住阿巴蒂姆的手说：“这次你赢了。不过，下一次胜出的将是我，因为我已经找到我这一生的使命是什么。”

拥有使命感，你的内心就会主动地召唤你去做一些事，即使是再艰苦劳累的工作，对你来说，也是快乐的和必须的！当你拥有使命地想成为一名成功者时，那么它的光环也就朝着你闪耀了。

一个没有使命感的人，会被一点点困境轻易地打败。即使是他心中有着长远的目标，他也无法去完成它，就像鸿鹄失去了它远飞的使命感，就只能望着高远的天空感叹，在蓬草之间与燕雀争夺狭窄的、可怜的一点点生存空间。

使命是没有时限的，任何伟大的目标只要拥有它，就会让人走向成功的彼岸！

◎ 走自己的路，只有自己最清楚自己

我们都是有着个性特色的个体，因为占据了不同的“位子”，所以，也各有各的风景。能真正活出自己的特色，找到自己“位子”的人是最幸福的人，从心灵的角度去衡量也应该是最自由、最幸福的人。因为许多人很合理地发挥了自己的潜能，也让自己的爱好为自己描画出了自己职业的蓝图。他们无愧于自己的一生，活得真实、坦荡、自然、自由，不会因外界的诱因和压力改变心灵中那块圣洁的领地。所以，我们都应该有自己的定位，知道自己的路该如何走，而不是以别人的意见为依据。

听取和尊重别人的意见很重要，但无论何时千万都不要人云亦云，做别人意见的傀儡，否则，不但会在左右摇摆、不知所往中身心疲惫，失去许多可贵的成功机会，有时还会失去自我。做自己认为对的事，成为自己想成为的人，无论成败与否，你都会获得一种无与伦比的成就感和自我归属感。正如但丁的那句豪言：走自己的路，让别人说去吧！

为了征服奥地利，拿破仑必须翻过险峻的阿尔卑斯山。在行动之前，他派出一队工程师，希望他们探寻到能够穿过阿尔卑斯山胜伯纳山口的路，然而这些工程师所带回的答案不能令他满意。当雄心勃勃的拿破仑指着地图上一条小路问："如果通过这条路直接穿过去有没有可能？"周围的人吞吞吐吐地回答："可能行的……还是存在一定的可能性的。""那就前进吧。"身材不高的拿破仑坚定地说，丝毫没有为工程师们的弦外之音所动摇。谁都知道穿过那条道路的难度有多大，在此之前还没有人能够征服这座天然的屏障。当奥地利人听到拿破仑想要跨过阿尔卑斯山的消息时，轻蔑地报以无声的冷笑："那可是一个从未有过任何车轮碾过的地方。更何况他还率领着7万军队，拉着笨重的大炮，带着成吨的炮弹和装备，还有大量的战备物资和弹药呢！"然而，就当被围的马赛纳将军在热那亚陷入内外交困的境地时，拿破仑的军队犹如天兵一样出现了。一向认为胜利在望的奥地利人不禁目瞪口呆，军队也开始大乱。他们几乎不敢相信，眼前这个不到1.60米的小个子真的会有如此的勇气与胆量，竟然征服了他们心目中一直是高不可攀的伟大山峰。

可以说，所有的人会对某件事情都有不同的看法，都会对某个人的行为提出异议，如果你总是在意这些异议，那你也就迷失了自己该走的路。坚持自己的看法，走自己认为正确的路才是你最好的选择。

有一个人和自己的儿子拉着一条毛驴进城，路上遇到很多路人，有些人在嘲笑他们。一个跛子说："你看看这对父子，傻不傻，有毛驴也不知道骑，要它干嘛，真是白痴啊！"父子俩听了以后觉得有道理，父亲就让儿子骑在驴背上，牵着驴继续走。可是，他们发现还是有很多人在议论，一个老人说："你们看，这个儿子真是不孝顺，也不知道让老父亲骑着，唉，不像话！这个老头儿真可怜啊！"父子俩听了觉得也有道理，就让儿子下来牵着，父亲骑在毛驴上往前走。但是奇怪的是，他们又听到了议论声，一个妇女说：“你们快看啊，这个老头子，也不知道疼爱儿子，自己骑着驴，心里怎么过得去！”父子俩听了又觉得有道理，老人就把儿子拉上了驴背，两个人一起骑。可是，人们的议论仍然没有停顿，一个老奶奶说：“你们看呀，小小的一头毛驴，哪儿能经得住两个人压呢！哪有这样的人啊，想累死毛驴啊。”父子俩没有办法，只有抬着毛驴往前走。结果，嘲笑他们的人就更多了：“哈哈哈，你们看啊，两个神经病，只有人骑驴，哪有驴骑人的，真是有病了。”

只要一个人做好应该做的事情，就值得称赞。使自己无愧于人，知道自己能够做些什么，并义无反顾地去实现自己的目标，而用不着在乎别人的看法和眼光。每个人都可以有自己喜欢的生活方式，做自己喜欢做的事，只要不违反社会规则就可以，而对于自己，那就是不要给自己留下遗憾，做一个独特的自己。有些人也许会过分在乎别人的意见，但是因为迁就了别人的意见，结果自己却没有任何成就。

因此，你的路永远都只有你自己去走，你的路永远都只有你自己最清楚。

◎ 人生难得几回搏，起点高一点胆子大一点

一句“人生难得几回搏”的名言，不知激发了多少人的雄心壮志，遗憾的是，许多人只是摆出了“决战人生”的姿态，终其一生也没有干成一件大事。其实，这些人不是没有才能，也不是缺乏机会，而是缺少敢于亲自实践奋斗、勇冒风险的胆识，成了“语言的巨人，行动的矮子”。

做人要有远大的理想和抱负，要有勇气去探索和实践未知的领域。胆子有多大，你就能走多远，这不是一句空话，而是有其实际意义的。

2001年9月，牛根生高调制定了一个未来“五年计划”，将2006年的销售目标锁定为100亿元。此话一出，舆论沸腾，大家都以为老牛又在搞大跃进。因为蒙牛2000年的销售收入不到3亿元，2001年前三季度也只做到5亿元左右的样子。家底如此之薄，怎么可能做到5年“放卫星”到100亿，这个相当于中国乳业2000年总销售收入的半壁江山呢。

最后的结论是，大家都很理性地认为这个目标“太夸张”。而牛根生却力排众议，他说：“这也是我当总裁‘胆子小’，如果换了别人当总裁，那可能就不是100亿，而是200亿！”在一片怀疑声中，牛根生耐心地做董事们的工作，做高管们的工作，勉勉强强，大家通过了这个“五年规划”。

然而到了2002年，当蒙牛销售收入达到16.7亿元的时候，大家才开始真正信服牛根生的眼光。到了2004年，蒙牛销售收入已经蹿升到了72.138亿元。这时候，大家又仿佛觉得当初定的计划“偏小”了。

还是在2001年的下半年，组建才两年的蒙牛在自己的管理层组建了考察队伍，他们的澳大利亚、新西兰之行，点燃了打造全球样板工厂的一个导火索。在新西兰，管理层清晰地看到：是乳业支撑了这个国家。这更加坚定了他们早些时候提出的建设“中国乳都”的决心和野心。于是，一个伟大的梦想产生了：把由呼和浩特通向盛乐经济园区的209国道两侧，变成一望无垠的“人工草原”。澳新之行后，蒙牛初步定下了建设“千吨工厂”的思路。

这在中国乳业中是史无前例的。做什么？这是关键一步，如果实施得不好，就会造成浪费。几经讨论，最终方案定位于液体奶，同时，在“千吨工厂”思路的基础上又明确了一条：我们要建的是“全球样板工厂”。

2月份修改方案，3月份招标，5月份开工，12月份竣工。7个月，如此之短，完成如此浩大的工程，创造了全球纪录。到了1999年底，蒙牛总部的“一期工程”竣工投入使用；2000年底，“二期工程”投入使用；2002年底，“三期工程”投入使用。全部工程均定位于“国内顶尖、国际领先”。其中“三期工程”，是目前全球放置生产线数量最多、日处理鲜奶能力最大、智能化程度最高的单体车间，引进世界上最先进的设备和技术，拥有全国乳品行业容量最大、自动化程度最高的立体智能仓库，被国际著名牛奶设备制造商利乐公司称为“全球样板工厂”。

蒙牛乳业股份有限公司的三期建设项目工程总投资9.6亿元，占地面积16万平方米。整体车间完全按照国际GMP和HACCP的标准进行设计和安装，共放置20多条液体奶生产线，日处理鲜奶1000余吨。该生产线采用的是当时世界上最先进的ALFAST标准化闪蒸系统，可以将牛奶脂肪含量精确到0.1以下，提高牛奶的乳固体含量，保证牛奶口感的均匀、稳定，不受季节影响。

“三期工程”中还包括拥有1.8万个货位和可储存1.44万吨牛奶的自动化立体智能仓库。仓库完全采用电脑自动化管理，所有货物的入库、调配与出库均通过人机对话操控，实现无人化管理，只要入库货物的资料输入准确无误，所有出库货物绝对遵循“先进先出”原则，准确到达指定位置。

在气魄宏伟的大型智能化仓库前，牛根生自豪地告诉利乐首席执行官耐克·谢雷伯尔：“这个仓库有1.8万多个仓位，可容纳1.4万吨牛奶，24小时智能化操控，不用人工。像这样的仓库，中国目前有5个，前4个都是放导弹的！”客人们闻言大笑。

“三期工程”的收奶系统也是当时国内智能化程度最高、设计最科学的，所有罐体上均设有液位传感、温度传感等监控装置，所产生的数据直接反馈到中控系统，由电脑自动识别进行操控。

蒙牛的迅速崛起带动了内蒙古乳业的发展。虽然全国乳业生产普遍呈持续增长态势，但内蒙古的增长速度却比全国平均增速高出近6倍，鲜奶增长量已超过全国增量的1/10，这样的速度在中国乳业史上闻所未闻。

很显然，如果没有当初的气概和几乎不可能实现的目标，蒙牛几年来的资源配置结构就不可能那样“大派”，那样富有“吞吐性”——会不会盖全球样板工厂，会不会建国际示范牧场，会不会放眼华尔街携手摩根，会不会开拓香港市场并最终上市——所有这一切，虽然不好做一般性的评述，但有一点可以肯定：“有准备的仗”和“没准备的仗”，一定会是两种完全不同的打法。

因此，有句话常常被蒙牛人挂在嘴上：“有信心不一定赢，但没有信心一定会输；有行动不一定赢，但没有行动一定会输。”而今天，蒙牛有理由再补上一句：有目标不一定赢，但没有目标一定会输。

蒙牛远大的发展战略可以从蒙牛的一些营销策略中看出来，蒙牛的广告定位从1999年就很清晰，所有的广告，哪怕是5秒钟的广告，后面结尾的时候都是“蒙牛乳业”。这样做主要是向消费者传递这样的信息：蒙牛就是专业做乳制品的一个企业。反映了蒙牛要做成百年乳品老店的战略目标，企业发展的强烈愿景对于企业未来的成长至关重要。

当你确定了一个遥远的目标并为之努力的时候，你已经具有了一种无坚不摧的力量。但同时，若心中的目标很小，则收获的希望也很小；若心中的目标很大，则收获的希望会更大，不要顾忌外界的“不可能”，放手去干就是了，成功永远属于那些胸怀大志的人。只要有信心，只要不断进取，即使表面看起来不可能的事情，也会变得轻而易举。牛根生及其蒙牛企业的成功就是一个很好的例子。

◎ 保持进取心，你就会走在所有人前面

一个人能不能进步，关键是看他想不想进步。就像站在台阶上，是上是下，完全由他自己决定。往上走，他就会站得更高、看得更远。进取心是优势提升的原动力，当一个人有了进取心，他就会对自己能力的提高、知识更新的追求有着强烈的欲望。所以，有进取心的人也往往会比其他人获得更多的优势。

通用公司总裁罗曼聘用了一位年轻的女士当助手，所做的工作就是替他拆阅、分类罗曼的私人信件。有时，也为罗曼回复信件，只是要听罗曼口述来书写信的内容。她的薪水和其他从事相类似工作的人相差无几。

有一天，罗曼说了一句话，并要求她用打字机把它打出来，这句话是："记住：你惟一的限制就是你自己脑海中所设立的那个限制。"

把打好的字交给罗曼时，她说："你的这句话使我获得了一个想法，对你我都很有价值。先生，我会按照你说的去做。"

罗曼并没有在意助手的这番话，但从那天起，罗曼看到，助手开始在用完晚餐后还回到办公室来，做一些不是她分内而且也没有报酬的工作。

作为助手，她甚至把写好的回信送到罗曼的手上，让罗曼检查。

信是按照罗曼的风格写的，因此，所有回信跟罗曼自己所能写的一样好，有些甚至比罗曼自己写得还要好。助手的工作能力超过了很多人。

这天，罗曼的私人秘书要辞职了，罗曼一下子就想到这位助手。

因为助手办事效率太高了，因此引起其他人的注意，罗曼还没来得及将秘书的职位给她，已经有人开始提供比秘书更高级的职位了，高级职员

的薪水是她当罗曼助手时的4倍。

进取心让这位助手从助手到高级职员，更重要的是，进取心让她保持了竞争优势。所以，为了保持自己的优势，你不妨培养自己更强烈的进取心。所以，比尔·盖茨说："我成功，因为我保持成功的优势。"在他看来，"保持成功的优势"就是拥有进取心。的确，如果你对成功有着一种执着的信念，对成功有着一种强烈的愿望，那么终有一天你会成功，否则，你就会因为优势不再而被淘汰。

微软公司新跳槽来一名业务员，他一直认为自己很优秀。到微软的第一个月，他拜访了10位客户，成交了5位，成交量达到了50%。在其他公司，这样的成交量已经是很高的了。

他找到比尔·盖茨向他夸耀自己的业绩，没想到却遭到了比尔·盖茨的批评，说他有一半的成交量被竞争对手抢走了。

业务员听后，立即找到了另外5位当时没有成交的顾客，并说服他们签下了订单。没想到比尔·盖茨还是不满意，说他根本不知道自己的下一位客户在哪里。

业务员接连两次受到了训斥，于是更加努力地投入到工作中去。接下来的一个月，他接连拜访了11位客户并全部拿下了订单。这下他以为比尔·盖茨会满意了，没想到得到的答复却是他被开除了。因为其他业务员的成交量都在他之上，他是公司的最后一位。

微软之所以能够取得今天的成就，就在于一种不断进取、永不满足的精神，并把这种精神灌输到每一个员工的头脑中。比尔·盖茨就曾多次告诫自己的员工："工作要付出100%的热忱、100%的努力。能完成100%，就不完成99%，虽然仅有1%的差距，但正是这1%，不但会反映出你对工作的态度、作风，而且也会彻底改变你的人生。"

如果你做出一点成绩就满足了，那么你只会平庸一辈子。很难想象一个思想平庸、不思进取的人会有建立不朽功业的潜质和优势。因为积极进取和满足现状是相对应的，一个容易满足的人很容易失去前进的动力，他的优势也就只能止步于此了。

◎ 只要你有勃勃野心，你就会成为成功的人

成功者做的事往往是很多人都不愿意做的，成功者做的事也有很多是别人不敢做的，他们做的事也并不是说都是别人难以做到的，关键是他们有做大事的野心。

世界上有两种人：一种是不敢做事的人，一种是做事野心勃勃的人。大多数人都想改变这个世界但没有人想改变自己。

其实，有些事情，不是因为有很大的难度才做不到，而是在做事的时候，有一部分人总是“小心翼翼”的，不敢行动，所以才做不到。在你要改变这个世界之前、改变别人之前、首先要改变的是你自己。要有做大事的野心。

富人为什么那么富有？因为他们把梦想变成了现实。穷人为什么那么贫穷？不是因为他们没有梦想，而是因为他们没有把梦想变成现实。富人做了好梦，会不声不响地照着梦里事去做。穷人做了好梦，醒来第一件事是找《周公解梦》然后去和朋友讲，他们在心里没有好好地想想，周公说的话是有根据的吗？所以，穷人们做了一个好梦却落个“好梦多不吉”的结果。

穷人们以后再也不敢做这种有野心的美梦，更不用说去实现梦想了。所以他们只是一味地甘于做一个穷人。

1998年，一个大富翁的遗嘱在法国的一份报纸上刊登了。在这份遗嘱里，这位富翁说："我曾经也是一个穷人，在以一个富人的身份跨入天堂的大门之前，我不想把我成为富人的秘诀带入天堂，我把自己成为富人的秘诀留下，如果谁能回答出'穷人最缺少的是什么'这个问题，他将得到我的热烈祝贺，我会奖励他100万法郎。这笔钱已经存放在我的银行私人保险箱里了。这是我在天堂给予他的欢呼与掌声。因为他和我一起揭开了穷人之所以穷，富人之所以富的谜底。"

这个人就是巴拉昂，法国的传媒大亨。在他年轻的时候，他的生活很穷苦。后来，他以推销装饰肖像画起家，在不到10年的短短的时间里，迅速跃升为法国50大富翁之列。但不幸的是，他因患上前列腺癌，1998年在医院去世。

巴拉昂的遗嘱刊出之后，有50多万人寄来了自己的答案。这些答案可以说是五花八门，什么都有。绝大部分人认为，穷人最缺少的当然是金钱了，有了钱，就不是穷人了。另有一部分认为，穷人之所以穷，最缺少的是机会。还有一部分人认为，穷人最缺少的是技能，没有任何谋生的手段，只要有了一技之长，很快就能变成一个富人了。

在巴拉昂逝世周年纪念日的时候，他的律师和代理人在公正部门的监督下，把银行内的私人保险箱打开了，公开了他致富的秘诀，他认为：穷人最缺少的是成为富人的野心。在所有的答案中，只有一位9岁的小女孩猜对了答案。为什么只有这位9岁的女孩想到了穷人最缺少的是野心？在接受100万法郎的颁奖之日，她说："每次，当我想干一些大一点的事情时，我姐姐总是警告我说不要有野心！不要有野心！所以我想，可能只有野心才能让自己得到自己想要的东西吧。"

谜底公开以后，全法国都有很大的震动，并波及英美。一些新贵、富翁就在谈论此话题时，均毫不掩饰地承认：穷病可以治愈，治疗贫穷的永恒的特效药就是野心。所有奇迹的出发点也都是野心。但是，从某些方面来看，“没有野心”“缺乏野心”这种病，很难治愈。穷人之所以穷，因为他们总是不敢做事，没有成为富人的野心。

导演张艺谋到农村去拍电影的时候，在上山的一条小路旁，看到一个十多岁的小孩在放羊。张艺谋就问小男孩：

“娃，你做啥？”

“放羊。”

“放羊做啥？”

“挣钱。”

“挣钱做啥？”

“娶媳妇。”

“娶媳妇做啥？”

“生娃。”

“生娃做啥？”

小孩挠了半天脑袋：“放羊。”

正如上面所说的，穷人缺少野心，所以他们一直是穷人。

曾有一个贫苦不堪的勤杂工，因为别人给她制造了一个难堪，一次刻骨铭心的受窘，竟然使她最终成为了举世瞩目、无比富有的女中豪杰！

刚开始的时候，她在一家大公司里，是工作最底层的员工，每天的工作就是端茶倒水，清扫卫生，不会引起任何人的注意。

有一次，她因为忘了带工作证，被公司的门卫拦在门外，不准进入。她告诉门卫，自己确确实实是公司的员工，这次是替公司买办公用品去了。但是，她说了一大堆的好话，门卫仍然对她不屑一顾，不让她进去。这期间，她眼睁睁地看着那些年龄相仿、身着职业装的白领们先后进入了公司的大门，根本没有出示工作证。于是她问门卫："这些人没有出示工作证，怎么也都进去了？"门卫用一种鄙视的目光上上下下打量了她一番，冷冷地一摆手，也就是"走远点，别烦我！"的意思。

她觉得自己受到了莫大的羞辱，仿佛自尊心被门卫狠狠地踩在脚下！她看看自己寒酸的衣着，和手中推着的脏兮兮的平板车，再看看那些衣着华丽、气质不凡的白领们，她的心深深地受到了伤害，骤然品尝到被人歧视的酸楚，她的心发跳、脸发烫，浑身颤抖。就在这个时候，她立下了一个誓言：我一定要创造奇迹，成为万人瞩目的富姐，成为举世闻名的强人！让这种耻辱永远地埋藏在地下！从那以后，她把一切可利用的机会都利用了起来，不断地充实自己。每一天，她第一个来公司，最后一个离开。她分秒必争，在别人随随便便浪费掉时间的时候，她也把这些时间用在了给自己充电和工作上。

很快，在同一批聘者中，她就脱颖而出了。她第一个做了业务代表。接着她又依靠超人的努力，成为这家跨国公司中国区总经理！她并没有太高的学历，只有自考专科文凭，在中国的经理中被尊为"打工皇后"，后来，她又任微软公司中国公司的总经理。她，就是商界女杰吴士宏！我们可以想象一下，如果当初，吴士宏没有改变命运的野心，没有成为富人的野心，她的一辈子可能就是贫穷而卑微的勤杂工！

在这个世界上，没有什么是不可能的，只有不敢想、不敢做的事，却没有干不成的事！无论你是多么的穷困，地位有多低下，都不要否定自己，只要你成为富人的野心没有丧失，你就有可能变成一个富人。纵观历史的长河，是什么铸就了辉煌？是野心，是无坚不摧的野心。从某种意义上来讲，所谓的野心，不是一种毫无根据的妄想，而是一种人生在世的伟大理想，一定要实现的宏伟目标。有了它，你才能克服一切自卑、自弃，激发出你的全部潜能！有了它，你才能改变自己的命运，如果你是一个穷人，你才会由一个穷人变成富人！有了它，你就会开拓出金光灿烂的财富之路。

第七辑

敢于挑战，每个人都能靠自己成功

海伦·凯勒信奉这样的座右铭：“人生要是不能大胆地挑战自己，便一无所获。”英国小说家 W.M. 萨克雷则认为：“只要你勇敢，世界就会让步。如果有时它战胜你，你就要不断地勇敢再勇敢，世界总会向你屈服。”只有敢于挑战，才能获得通常难以企及的成功。

◎ 有勇气的人，世界都会给他让路

勇气，是通往成功的第一座桥梁。敢于应对挑战的人，具有老虎一样的特点：不但有勇气面对各种失败和挫折，还有勇气去征服一个又一个看似无法逾越的工作障碍，以勇气引领自己去出色完成一个又一个艰难的任务。

每一个成功的人都知道，在他们为之奋斗的工作目标中，绝对不可能是一帆风顺的。前进的道路上总会有暗礁险滩，会有狂风恶浪，当然也有不顺心，不如意的时候，也会存在无所适从，甚至胆怯的时候。但那或许只是一瞬间的事，他们从不会因此而退缩，更不会轻言放弃。在面对困境时，顶得住各种压力，敢于迎头而上。因为他们明白，只有这样，他们的事业才能做得更好。

而没有勇气的人如一只只“惊弓之鸟”，事业上、生活中的任何一点点风吹草动和坎坷磨难，对他们来说，都是一场浩劫，一场无可避免的灾难，都是足以令他们惶惶不可终日的巨大恐惧。

一个晴朗的早晨，死神向一座城市走去，一个人看到了，问道：

“你要去做什么？”

“我要去带走100个人。”死神平静地回答。

“太可怕了！”那个人吃惊地说。

“事情已经决定了，”死神说，“我必须这么做。”

这个人忙跑去提醒所有人：死神即将来临。

到了晚上，他又碰到了死神。“你告诉我你要带走100个人，”这个人说，“为什么有1000个人死了。”

“我照我说的做了，”死神又异常平静地回答，“我带走了100个人，是恐惧带走了其他那些人。”

这说明了什么？恐惧比死神更可怕！

若要成为一名出色的人，就要有超乎常人的勇气，有不畏困难勇往直前的气概，有失败后还能越战越勇的精神。

亨利·亚兰是美国第三大汽车制造商——克莱斯勒公司的市场销售总监，从年轻的时候就在克莱斯勒公司做销售工作。20世纪50年代中期，市场低迷，销售量下滑，生意极其不好做。

一个寒冷的冬天，亨利·亚兰跑了整整一个街区都没有推销出去商品，甚至没有人愿意打开房门，听一听他的介绍。

可喜可贺的是，上帝没有辜负亚兰的勇气。他再次来到那个街区后，每一个拒绝他的人，都被他这种不屈不挠的勇气所感染，结果售出了6辆新车。取得了前所未有的销售业绩！

第二天，当他到公司后，向同事们讲述了昨天开始所遭遇的失败，接着他又顺利地销售出6辆新车的过程。同事们都为他不屈不挠的勇气所折服。

这确是一个不平常的成就，而这个成就先是由失败引起的。最开始亚兰在风雪中穿街过巷，跋涉了8个小时，却没有卖出一辆车。可是亨利·亚兰能够把我们大多数人在失败的情况下所感觉到的消极和恐惧，都化作义无反顾的勇往直前，并且取得了成功。亨利·亚兰也由此成了克莱斯勒公司的最佳销售员，并被提升为销售经理。

那些真正的成功者，无疑不是勇于冒险，不畏惧失败的：他们有能力在勇气的召唤下，爬起来重新踏上征程。

但有时候你是不是忽略了勇气的力量，你是不是总在盼望成功会以某种神秘莫测的方式不期而至，而没有勇气去尝试一次又一次失败过后的努力?

美国第一大汽车制造商亨利·福特在取得成功之后，便成了众人羡慕备至的人物。有的人觉得他是由于运气，或者是得益于有影响的朋友的帮助，或者说他本身就是一个管理天才，或者他具有常人所认为的形形色色的“秘诀”——所以福特成功了。

不可否认的是，这些因素中有几种当然是起了作用的，但是肯定还有些别的什么东西在起作用——也许每个人都懂得福特成功的真正原因，而每个人通常认为没有必要谈到这一点，因为它太简单了。只要看看福特的行动，就可以完全了解他的成功“秘诀”。

多年前，亨利·福特决定改进著名的T型车的发动机的汽缸。他要制造一个具有铸成一体的八个汽缸的引擎，便指示工程人员去设计。可是，当时所有的工程技术人员无不认为，要制造这样的引擎是不可能的，他们一口回绝了这样的“无理要求”。

听完技术人员的介绍后，福特没有气馁，他用无可反驳的语气说：“无论如何要生产这种引擎。”

“但是，”他们回答道，“这是不可能的。”

“我是绝不相信任何不可能的。去工作吧！”福特命令道，“坚持做这件工作，无论要用多少时间，直到你们完成了这件工作为止。”

被他的气势感染，负责技术的员工只好去工作了。如果他们要继续做福特汽车公司的职员，他们就不能去做别的什么事。6个月过去了，工作没有任何进展。又过了6个月，他们仍然没有成功。这些工程人员愈是努力，这件工作就似乎愈是“不可能”。

在这一年的年底，福特咨询这些工程人员时，他们再一次向他报告他们无法实现他的命令。“继续工作，”福特义无反顾地说，“我需要它，我决心得到它。哪怕它是一只老虎，我也有勇气擒住它！”

最后的情形是怎样的呢？

在这种勇气面前，任何困难和挫折都成了它的手下败将。

当然，制造这种发动机完全不是不可能。后来这种发动机装到最好的汽车上了，使福特和他的公司把自己最有力的竞争者，远远地抛到了后面，以致他们用了好些年才赶上来。

福特的勇气给了技术人员必然成功的心态。他的勇气也让参与研制开发的人员没有任何退路可走。他们只能孤注一掷，只能成功。

敢于应对挑战的人能把一个个奇迹变成现实；把一个个不可能变为了可能。要成功就是要有福特那样的气概，唯有鼓起放手一拼的勇气，才能在商海中劈波斩浪。勇往直前者，才会无往而不胜。

◎ 自己的道路自己走，命运靠自己改变

有人说，有好父母就会有好前程；也有人说，嫁个好人家就会幸福；还有人说，有个当官的亲戚人生就会很成功……很显然，这些人是将自己的人生寄托在别人身上。其实，人生不能靠别人，只能靠自己。俗话说：靠天靠地不如靠自己。自己的道路自己走，只有自己为自己奋斗，才能为自己创造美满的人生。

有一个人生来就很不幸：他的父亲嗜赌如命，输了钱就拿他出气发泄；他的母亲嗜酒成癖，喝醉了就对他拳打脚踢。他常常是鼻青脸肿，皮开肉绽。由于家庭暴力的影响，他 13 岁便流浪街头。

一直到20岁的时候，他才幡然醒悟："如果再这样下去，我只能成为社会的垃圾，那岂不是和我的父母一样了吗？我不能这样做，我一定要走一条成功之路！"

但是自己走哪条路呢？从政？自己又没有后台。进大企业去工作？自己又没有文凭。经商？又没有本钱……自己什么都没有，他不知道自己该干什么。

在看了一场电影后，他便决心去当演员，因为演员不需要后台，也不需要学历，更不需要本钱，只要依靠自己的努力就可以了。

但是，他不具备当演员的条件，他不仅有口吃的毛病，长相也很难看；他没有表演经验，也没有接受过任何专业的表演训练，更没有所谓的表演天赋。

但是他认为，这就是他人生的惟一机会，绝不能放弃，一定要成功！于是，他来到好莱坞，找导演，找制片……找一切可能让他成为演员的人。

"给我一次机会吧，我要当演员，我一定会表现得很好！"见到电影界的人，他总会这样说。

"看你这个样子，怎么可能做得了电影演员呢？"

"算了吧，我们才不需要像你这样的人哩。"

"走远一点，这里不是你做梦的地方！"

"你死了这条心吧。"

"你不要再来了，我们公司不欢迎你。"

面对他的却总是讽刺、挖苦、嘲笑……但他还是告诉自己："我一定要成为好莱坞的明星！"

就这样，在两年时间内，他遭到了1000多次拒绝。他有时候也不禁暗自垂泪：难道自己就没有希望了吗，难道赌徒、酒鬼的儿子就不能拥有幸福的人生吗？不行，我一定要成功！他想：既然不能直接成为演员，何不先写剧本，待剧本被导演看中后，再来要求当演员。

就这样，他一边打工维持生计，一边深入生活编写剧本。剧本写完了，他又拿着剧本找导演："用这个剧本，让我当男主角吧！"

有人看了看剧本，又立即还给了他；有人觉得剧本还行，但不可能让他当男主角；还有人看都不看，就把他轰出门去……总之，仍然没有人答应他，但他没有停止行动。天不负有心人。在他遭到1855次拒绝之后，一个曾拒绝过他多次的导演对他说："我不知道你能否演好，但我被你的坚忍所感动，我给你一次当主演的机会。"

此后，这个人成了好莱坞的大明星，这个人就是世界影迷心中的英雄——史泰龙。

在实现人生理想的路上，有很多人常常遭遇两三次碰壁就放弃了，从史泰龙的身上，就可见他们为什么不成功了。如果他们能像史泰龙一样正确地对待自己，毫不懈怠地相信自己，那么他们就离成功就不远了。很多人觉得人生总会有很多苦难，让人痛苦不堪。殊不知，当将这些苦难踩在自己脚下的时候，自己的人生就与众不同了。

经济大危机时，汤姆和妻子先后都失业了。但是为了生活，夫妻俩每天仍努力地找工作，可晚上回到家时，只能是望着彼此摇头，不停地叹气。

汤姆的父亲曾经是个拳击冠军，但如今他年老力衰，卧病在床了。

有一天，父亲的精神很好，他将满脸愁容的汤姆叫到床前，对他说了自己在某次赛事中的经历。

在一次拳击冠军对抗赛中，他遇到了一个比自己高大的对手。因为自己是个矮个子，一直无法对其进行有效的反击，反而差点被对方击倒，连牙齿也被打掉了一颗。

休息时，教练鼓励他说："忍住，你一定能打到第12局！"

听了教练的鼓励，他也说："我不会怕，我应付得了！"

于是，在场上，虽然自己一直没有有效的反攻机会，但他也没有被对手彻底打倒。他跌倒了又爬起来，爬起来后又被对手打倒，一直坚持到了第 12 局。

就在第 12 局最后十几秒钟，可能是力气消耗的太多，对方的手开始发颤了，他抓住这最好的反攻时机，倾全力给了对手一个反击，只见对手应声倒下，他因此获得了拳击生涯中的第一个冠军。

说话间，因病痛苦的父亲额上全是汗珠，他紧握着儿子的手，吃力地笑着说："没关系，我应付得了。"

汤姆含着泪说："放心，我们也一定能应付得了。"

从此以后，汤姆不再愁容满面，白天他出去找工作，晚上就和家人开心地聚在一起。因为努力地找工作，不久，汤姆夫妇都找到了满意的工作。很快，一家人又回到了宁静、幸福的生活中。

后来，每当家人遇到困难的时候，汤姆总会想到父亲说的那段话，他会告诉家里的每一个人，甚至是他遇到的每一个生活艰苦的人，那便是在困境中要告诉自己，"我一定应付得了"。

人生在世，好的命运要依靠自己去创造和改变。尤其在巨浪滔天的困境中，应随时赋予自己改变命运的力量，不断地告诉自己："我一定能应付得了。"这样，你才能收获满意的人生。当你有了靠自己改变命运的坚定信念，困难便会在不知不觉中慢慢远离，生活自然会回到风和日丽的宁静当中。学会依靠自己，你就会走出人生的低谷，摆在你面前的，那将是一片湛蓝的天空！

◎ 赢在主动出击，不怕冒险的人才会成功

生活常常需要我们让步。宽容一点、退让一点无损于我们的尊严，却彰显我们的风度。但当危难降临时，退让只能说明我们的畏惧和无力，在这个时候，主动还击才是最好的表现。冒险就在这一刻体现了它的无可估量的价值。

一位8岁的小女孩去教士家学刺绣，每当她走到教士家门口时，便会有一只凶猛的雄鹅朝她扑来，好几次还啄了她。

女孩吓得号啕大哭，再不肯去学刺绣。她的母亲千方百计地劝她，但她说如果没有人给她做伴，她是再不肯去学的。

女孩的父亲于是找了根长长的棍子交给她那个仅有5岁的弟弟，并说："希望你的胆子比姐姐大。"并告诉他如果雄鹅来了，尽管大胆向它走去，然后用棍子狠狠打它，它就会跑掉了。

小男孩跟着姐姐来到教士家，刚推开院门，那只凶猛的雄鹅便高高地伸着颈项，发出可怕的叫声向他们冲过来，男孩的姐姐尖叫着转身就跑。

小男孩也想跟着姐姐跑，但他想起了父亲的话，于是闭上眼，颤抖地伸出手中的棍子在周围一通乱打并大声呼喊着给自己壮胆，雄鹅终于害怕起来，大叫着回到群鹅中去了。

这个小男孩就是后来成为德国著名电器发明家的西门子。

他在70多年后的《西门子自传》中说："因为童年的一点启示，而使我终生受用，不知不觉地给了我无数次的鼓励：遇到切身危险不要回避，要大胆迎上去，加以痛击。"

这个故事是如此的真切，以致令很多出身于农村的人想起了自己的童年往事。其实仔细想想，生活中的危难不正像气势汹汹的鹅那样外强中干吗？它们总是想让人放弃目标，逃避责任，而当你一旦对它们举起还击的棍子，它们很快就会变得驯服而安静。

一个女儿对父亲抱怨她的生活，抱怨事事都那么艰难。她不知该如何应付生活，想要自暴自弃了。她已厌倦抗争和奋斗，想要随波逐流。

父亲把她带进厨房。他先往3只锅里倒入一些水，然后把它们放在旺火上烧。不久锅里的水烧开了。他往一只锅里放些胡萝卜，第二只锅里放只鸡蛋，最后一只锅里放入碾成粉末状的咖啡。他将它们浸入开水中煮，一句话也没有说。

女儿咂咂嘴，不耐烦地等待着，纳闷父亲在做什么。大约20分钟后，他把火关了，把胡萝卜捞出来放入一个碗内，把鸡蛋捞出来放入另一个碗内，然后又把咖啡舀到一个杯子里。

做完这些后，他才转过身问女儿："亲爱的，你看见什么了？"

"胡萝卜、鸡蛋、咖啡。"她回答。

他让她靠近些并让她用手摸摸胡萝卜。她摸了摸，注意到胡萝卜变软了。父亲又让女儿拿一只鸡蛋并打破它。将壳剥掉后，她看到了是只煮熟的鸡蛋。最后，他让她喝了咖啡。品尝到香浓的咖啡，女儿笑了。

她怯怯地问到："父亲，这意味着什么？"

他解释说，这三样东西面临同样的逆境——煮沸的开水，但其反应各不相同。胡萝卜入锅之前是强壮的、结实的，毫不示弱；但进入开水之后，它变软了、变弱了。鸡蛋原来是易碎的，它薄薄的外壳保护着它呈液体的内心。但是经开水一煮，它的内心变硬了。而粉状咖啡则很独特，进入沸水之后，它们改变了水的味道。

"哪个是你呢？"他问女儿，"当逆境找上门来时，你该如何反应？你是胡萝卜，是鸡蛋，还是咖啡？”

你是看似强硬，但遭遇痛苦和逆境时变软弱了，失去了力量的胡萝卜呢？还是内心可塑性很强的鸡蛋，先是个性情不定的人，但经过生活的种种磨砺后，变得坚强了，变得倔强了？你的外壳看似从前，但你是不是因有了坚强的性格和内心而变得强硬了？或者你像是咖啡一样，主动出击，充分融合，结果改变了给你带来痛苦的开水，并在它达到96℃的高温时散发出最佳的香味。水最烫时，味道也更好了。如果你像咖啡，你就达到了生存的高标境界。在情况最糟糕时，变得有出息了，并使周围的情况变好了。成功的人往往知道该如何掌握自己的命运，敢于挑战，定好方向之后就勇敢出击。这就是有大智慧的人！人生不是一成不变的，人生旅途中常有意想不到的危急时刻，正因为有了危机，才需要冒险；有了冒险，才写就了绚丽多姿的人生篇章！

◎ 除了你自己，几乎没人可以拯救你

一个人要成就自己，在很大程度上是很难依赖别人的。因此，在人生的大舞台上，有时你必须扮演自救的角色。如果你不扮演这个角色，这出戏就很难演下去了。

依赖别人就意味着命运掌握在别人手中。没有独立做前提，成功也许只是个假设。独立性格是成功者的必备条件，历史既然如此证明，现实生活也是这样。独立习惯的养成，对一个人的事业、未来、人生都有莫大的好处，所以若想成就事业，独立是个不可少的条件。

许多人自从童年时起便一直被引入一种恶性循环。还在蹒跚学步的阶

段，他们便被训练着对寻求依赖的信号做出反应。一个年幼的孩子，几乎他做的每一件事，都必须得到父母的允许。“好的”这一简明的告诫，无非意味着：照我告诉你的那样去做。结果是，人们绝大多数人被训练得依赖于别人的赞同，成为了遵从者而不是决策人，遵从者把接受人家的支配当成一种生活方式。在学校里和课堂上，这种操纵的过程得到深化，人们成天被告诫着遵守准则的要求去做事。甚至一个学生到高中毕业，他还没有意识到自己是如何毫无防范地被人操纵，哪怕这种操纵只是来自于他的同伴和他对自己不检点行为的自鸣得意。

有一位学术界知名的学者曾告诫青年学生们说：“如果你过分依赖别人，那你就会很容易上当，因为你不能辨别别人的话究竟是对的还是不对的，而你对别人的动机也就茫然不知。”成大事者的身上具有许多种优良品质——勇敢、忠诚、创新、进取，当然独立也是这些品格中不可缺少的品质之一。如果一个依赖于他人的人也会获得成功的话，恐怕历史上就不会有很多民族为独立而战了。有些年轻人生活在优越的环境里，溺爱使他们失去了自救的本领，因此成为了生活中的低能儿，养成了依赖别人的习惯。他们在父母的羽翼下可以安然无恙地生活，感受不到外界的任何干扰，但是一旦走出家庭，他们的缺陷就会暴露无疑，面对竞争激烈的社会，他们能否适者生存，自我拯救，真是令人担忧。

李明翰是一名优秀的学生，从小学到高中毕业，学习成绩一直名列前茅。然而就是这样一个高智商的优秀生，在生活中却是一个低能儿。从进小学到中学毕业的12年，由于他学习成绩好，深得学校老师们的称赞和父母的厚爱。父母为了使他集中精力读书，成为一个有出息的人，家中什么活儿都不让他干，甚至连他的床铺也是父母替他收拾的。每次吃饭都是母亲把饭端到他跟前。真可谓饭来张口，衣来伸手。因此，到他十七八岁时，和他同岁的孩子，什么活都能干，而他却连叠被子、洗碗这类的基本家务活都不知道。

李明翰参加高考，以全县第一名、全省第三名的优异成绩，考入了全国重点大学。这一振奋人心的喜讯，给家里带来前所未有的欢乐，亲戚朋友都投以羡慕的目光，称赞他聪明。同年夏天，李明翰以无比兴奋的心情，来到了首都，跨进了令人向往的大学，实现了成为一名大学生的理想。然而，开始大学生活没多久，由于他没有起码的生活能力，自己不会洗衣服，不会缝补衣服，不能独立生活，感到十分苦恼，尽管同学们也给了他应有的帮助，但还是解决不了他的实际生活问题。

在这种情况下，他只好向校方申请休学。学校根据他入学后的实际情况，批准了他的申请。第二年开学时，学校给他寄去了复学通知书。但谁也没有料到，接到复学通知书的李明翰，居然因惧怕离开父母后自己不能面对生活而悲观厌世，在这种思想驱使下，他纵身从高楼跳了下去，过早地结束了自己的生命。

社会是充满竞争的地方。如果你想做一个成功的人，那就应该是个品格独立的人，首先你就应该学会自我拯救。当你陷入困境遭遇孤独的时候，如果仅仅简单地去抱怨社会冷漠，别人自私，就说明你对外界的依赖性太强，你太脆弱。依靠别人来解决你的问题当然容易多了，无论发生什么事，有个人可以商量总能让人觉得内心安定些。如果再进一步，别人愿意承担起完全的责任，自己更是完全松懈下来，表面上轻松了，但结果是容易成为一个无法独立的弱者。所以，当遭遇逆境的时候，首先应该学会自我拯救。这并不是教你在社会上打肿脸充胖子，更不是教你万事不求人，而是想告诉你，在这个世界上每个人都在忙自己的事，每个人都有自己的麻烦。

自我拯救能够取代朋友、金钱和门第带来的帮助。敢于自救、不惧困难、在障碍面前毫不犹豫、对自己的办事能力有足够信心的人，就是能成大事的人。世上的每个人，只有当他感到所有外部的帮助都已被切断之后，他才会尽最大的努力，充分发挥出自己的潜能，以最坚忍不拔的毅力去奋斗，因为主宰命运沉浮的只能是他自己的努力，他必须学会自救，否则生命之舟就会沉没。当人类不必为满足自身需要而去努力自救时，往往就失去了前进的动力。

若你不敢有自己的想法，不敢争取主动，你做事就会谨小慎微，而无所突破；若在发表意见之前总是要先弄清楚别人的立场，看别人是否赞同你，那样，你的观点就会成为别人的修订版。

要相信你来到这个世界上是带有目的的，是为了造就你自己，是为了帮助别人，是为了扮演一个别人替代不了的角色的。自己拯救自己是成大事的天规！只有把自己当作对手，不断超越自己，才能成功。

◎ 当你跌倒之后，只能靠自己站起来

鲁迅先生说："伟大的胸怀应该表现出这样的气概——用笑脸迎接悲惨厄运，用百倍的勇气来应付一切的不幸。"

1994 年 11 月 23 日晚，人民大会堂近万人沉醉在著名小提琴演奏家伊扎克·帕尔曼的精彩琴声中。伊扎克双腿因患小儿麻痹症而不能站立，演出结束后却出人意料地拒绝别人的搀扶，坚持自己拄着双拐站起来接受鲜花，并向观众致谢。第一次，他失败了；第二次，他还是失败了；第三次，他依然未能成功。他面对观众笑一笑，笑容里充满了歉意。第四次，他终于站了起来！大厅里响起了暴风雨般的掌声。伊扎克对采访他的中央电视台记者说："成功来源于自己，世界上没有什么事是不能做的，只要你想做。"

日本青年乙武洋匡，是个失去手脚的残疾人，在轮椅上长大，竟能与

普通孩子一同上完幼儿园和小学、中学。他学会了跳绳、游泳和打篮球，登上了高山，拍过电影，并以优异成绩考入赫赫有名的大学。对他来说，残疾只是人生的“记号”。他认为，只要主动参与，就能体现自我的存在价值；只要保持奋斗的勇气，就不会虚度此生。乙武洋匡的父母很爱他，但爱的方式是让他自己锻炼，凡是他能干的事情，尽量让他自己干。在幼儿园，他学会了侧头把铅笔夹在脸和仅有10多厘米的残臂之间，一笔一划地写字；他把盘中的刀叉交叉起来，利用杠杆原理，靠残臂平衡用力，自己吃饭……

伊扎克自己站起来，乙武洋匡自我锻炼，使人看到一个人生理上有缺陷并不可怕，只要有积极的人生态度，就能超越自我，积极补偿，表现出强者的姿态，使缺陷成为前进的动力。奥地利心理学家阿德勒在《器官功能不足和它的生理补偿》中说：“如果人的生理器官功能不足或者有了缺憾，就会遇到许多困难，必须另找途径来弥补以更好地适应环境。”他指出，有许多对我们文化有重大贡献的杰出人才有生理上的缺憾，他们的健康往往很差。然而，这些奋力克服困难的人却做出了许多惊人的贡献。个中道理并不复杂：因为有缺憾，便想法弥补缺憾，就可能把隐藏在内心深处的潜力和智慧充分调动起来，以顽强的意志与命运抗争，以致创造奇迹。

读达尔文、康德、拜伦、培根、亚里士多德等人的传记就会明白：他们的优秀品质和光辉成就，从一定意义上说，都是其缺陷促成的。心理学有所谓“拿破仑情结”或“矮人综合症”，就是指一个像拿破仑那样身材矮小的人，因自卑感通过自我补偿机制发展成为叱咤风云的杰出人物。

不错，古往今来，无数的成功者都是靠自己“站”起来的，他们都是对“战胜自己”最完美的诠释。如果你还在退缩，请快点明白，战胜自己是如何紧迫；如果你还在犹豫，请看看胜利者是如何一步步走来；如果你已经在向自己挑战，那你要坚持，成功最终会向你敞开胸怀的！

◎ 不要问命运在谁手里？命运就在自己手里！

一次，我去拜会一位事业上颇有成就的朋友，闲聊中谈起了命运。我问：这个世界到底有没有命运？他说：当然有啊。我再问：命运究竟是怎么回事？既然命中注定，那奋斗又有什么用？

朋友没有直接回答我的问题，但笑着抓起我的左手，说不妨先看看我的手相，帮我算算命。朋友给我讲了一些生命线、爱情线、事业线等诸如此类的话之后，突然，他对我说：把手伸好，照我的样子做一个动作。他的动作就是：举起左手，慢慢地而且越来越紧地握起拳头。末了，他问：握紧了没有？我有些迷惑，答道：握紧啦。他又问：那些命运线在哪里？我机械地回答：在我的手里呀。他再追问：请问，命运在哪里？我恍然大悟：命运在我自己的手里！

朋友很平静地继续道：不管别人怎么跟你说，不管"算命先生们"如何给你算，记住，命运在自己的手里，而不是在别人的嘴里！这就是命运。当然，你再看看你自己的拳头，你还会发现你的生命线有一部分还留在外面，没有被握住，它又能给我们什么启示？命运绝大部分掌握在自己手里，但还有一部分掌握在"上天"手里。

古往今来，凡成大业者，"奋斗"的意义就在于用其一生的努力，去争取自己的成就。《易经》里有句话：天行健，君子当自强不息。

自然有它运行的轨迹，但我们也依然要有奋斗不息的精神。这就是《易经》教给我们对待命运的态度。

卢扬现在是一家油漆公司的总经理，他是从生活的最低层走到今天的，对于他来说，今天的成就来之不易，他用勤奋改变了自己的命运。

1997年，卢扬独自来到举目无亲的深圳。这时候他高中毕业已经3年了，3年中他一直为官司所纠缠。因为，3年前他刚高中毕业时发现农村建房成风，于是借钱开了一家砖厂，砖厂开工第一天，就出了工伤事故，一名工人的腿被绞进搅拌机里。3年后官司结束砖厂关门的时候，卢扬欠下了在当时看来属于天文数字的债务：10万元。在债务的重压下，卢扬决定到深圳闯闯。下火车后，舍不得住旅馆的他辗转来到蛇口四海公园，睡在草地上。半夜，卢扬被叫醒，和一大帮没有暂住证在外游荡的人一起被带到派出所，教育、罚款。出了派出所，卢扬花150元租了一个铁皮房子，花40元买了一辆二手自行车。在随后的一个月里，被欺骗数次后，终于找到了一份做油漆工的工作。

上班第一天，卢扬就被油漆种类弄得发晕，在家乡只用过调和漆的他，似乎第一次明白世界上有这么多种类的油漆。公司转型不久，大家都没有什么经验，工友们说，漆面起泡、泛白、刷痕明显等问题经常出现，影响工期，还经常要返工。晚上回去躺在床上的卢扬决定在书里找原因。于是，第二天一下班，他就奔到书店买了一本《油漆施工疑难解答》，花掉了他一周的生活费。晚上，他惊喜地发现，几乎所有自己遇到的问题，在书里都有详细的分析、说明。卢扬索性不睡觉了，爬起来，找了一块木板，开始做试验，就这样一直到天明他才收工。在一周的时间里，卢扬每天只睡4个小时。他说："一方面是我想学点东西，另一方面我对家人思念得很，疲劳可以让我忘却一些痛苦。"于是，每天上班，两眼通红的卢扬解决着一个又一个的技术难题，令所有的同事惊奇不已。第8天，卢扬被任命为公司油漆队队长。

一旦钻研起来，卢扬发现，即使是油漆工作，知识也非常庞杂，需要继续学习。但相关的书很贵，他就每天去书店蹭书看，每天都看到书店关门。后来，他咬咬牙在南山图书馆花120元办了个借书证，于是同事们每天都能看见卢扬一下班就直奔图书馆。

后来他又在一条僻静的小巷里发现了一个只要500元的电脑培训班，他开始学习电脑。机遇总是给有准备的人，学完电脑没多久，公司要调一个人到写字楼工作，有一个前提就是会电脑操作，卢扬顺利入选。

但令他最头痛的问题是当他被任命为客户代表之后的一个多月的时间里，他没有签到一个客户。巨大的压力笼罩着他。他总结失败后的教训，认为自己之所以会这样，一是因为自己和人打交道有问题，见到女客户甚至脸红，表达能力不好；二是因为自己知识面不宽，与接受过高等教育的客户们缺乏共同语言，而且不能掌握高学历人群的需求、心理。

于是，他又学习了社交礼仪、演讲口才等，而荒疏多年的文学知识也被他重新捡起来。"恶补"收到奇效，在随后的几个月时间里，他签下了巨额定单，成了公司的业务标兵。

2003年作为高级技术人才的他被调入深圳公司总部，在那里他笑称自己是该写字楼里学历最低的人。不过他的下属却都很服他，他们说，卢总相当专业，也很健谈……

这就是一个民工的奋斗史。他用自己的血汗证明了一个人的命运该如何改写。而对于今天的我们而言，也许比他当时的条件强很多，那么我们为什么没有成就？我们的命运在谁的手里？

这就是一个人的命运，它不会因为你的贫穷而抛弃你，只要你努力；它不会因为你的低微而放弃你，只要你坚持。你可以面对自己的一切缺憾，但不可以放弃自己进步的勇气。

◎ 立命在我，做一个改变自己的人

生活中有很多人会将自己的不幸归结为命运的不济，认为自己就是命运的弃儿。可是，那么多从不幸走向成功的人，他们中有几个曾经的条件比你现在的条件更好？拿他们的成功与你的失败相较，你是不是更应该反省自己的得失？做一个改变自己的人？

我国古代一个叫袁了凡的人就可以给我们做榜样。他是明朝时期江南吴江人，有次他在慈云寺结识了一位孔姓老先生。孔老先生曾得到宋朝邵康节先生真传皇极数，所以精通命数推算，孔老先生替袁了凡推算命里所注定的数。他说：在你没有取得功名做童生时，县考应该考第 14 名，府考应该考第 71 名，提学考应该考第 9 名。到了第二年，果然袁了凡 3 处的考试，所考的名次和孔老先生所推算的一样。

孔老先生又替袁了凡推算终生的吉凶祸福。哪一年考取第几名，哪一年应当补廪生，哪一年应当做贡生，等到贡生出贡后，在某一年，应当选为四川省的一个县长，在做县长的任上 3 年半后，便该辞职回家乡。到了 53 岁那年 8 月 14 日的丑时，就应该寿终正寝，可惜命中没有儿子。

这些话袁了凡都一一记录下来，并且牢记在心中。从此以后，凡是碰到考试，所考名次先后，以及官职升迁等等无不一一应验，都不出孔老先生所推算。袁了凡因此认为何时生，何时死，何时得意，何时失意，都有个定数，一切都是天定的，没有办法改变。

后来袁了凡认识了云谷禅师，在云谷禅师点拨下，认识到一个人的命数其实可以改变。一个极善的人，尽管本来他的命数里注定吃苦，但是他做了极大的善事，这大善事的力量，就可以使苦变成乐，贫贱短命变成富贵长寿；而极恶的人，尽管他本来命中注定要享福，但是他如果做了极大的恶事，这大恶事的力量，就可以使福变成祸，富贵长寿变成为贫贱短命。所以，如果造恶就自然折福，修善就自然得福。从前各种诗书中所说的，原来都是的的确确、明明白白的好教训。袁了凡原来号“学海”，但是自从那一天起就改号叫“了凡”，因为他明白了立命的道理，不愿意和凡夫一样，所以改叫“了凡”。他从以前的糊涂随便、无拘无束，变得小心谨慎、戒慎恭敬，即使是在暗室无人的地方，他也警惕自己不要做错事而获罪于天。碰到别人讨厌他、毁谤他，他也能够淡然处之，不与计较。在他见了云谷禅师的第二年，到礼部去考科举。

孔老先生算他的命，应该考第3名，哪知道居然考了第一名，孔老先生的话开始不灵了。孔老先生没算出他会考中举人，哪知道到了秋天乡试，他竟然考中了举人，这都不是他命里注定的。从此，袁了凡对自己要求更加严格，勿以善小而不为，勿以恶小而为之。努力自省改过，尽力修身积德行善。结果真是“断恶修善，灾消福来”。袁了凡于辛巳年有了儿子，取名叫天启。袁了凡后高中进士，官位追增到尚宝司卿。53岁那年也并无灾难，甚至连一点病痛都没有，享寿74岁。袁了凡曾写有4篇短文作家训，名“戒子文”，教戒他的儿子袁天启认识命运的真相，明辨善恶的标准，改过迁善的方法，以及行善积德谦虚种种的效验；并且以他自己改变命数的经验来“现身说法”，这就是后来广传于世的《了凡四训》。

从袁了凡这一生的轨迹看来，我们也许会明白很多值得去做的事，那就是改变自己的命运需要自己努力。如果非要说天命可以注定一些事情，那也应该是机遇的垂青。可是，机遇会给那些有准备的人，也就是说，个人的努力永远都占很大成分，你的努力永远决定着你的成就。

◎ 不要指望别人，你才是自己的救世主

国外电影里常出现这样的画面：当灾难降临时，主人公首先抓住胸前的十字挂像，然后一边不停地在胸前划十字，一边不停地祷告："主啊，救救我吧！"每当这个时候，我们都幻想着也许救世主真的会从天而降把他救走，可是每次结局只有一种，那就是：主人公与十字挂像一同倒在血泊中，到死救世主都没有来。相信上帝的存在是一种信仰，但太过相信就会陷进被动的泥淖，当灾难降临时不采取行动而一味等待上帝的救助，任凭命运的摆布，其结果只能是任事态恶化并走向绝路。当他在呼喊上帝的时候，上帝没有听见，任凭他在死亡线上挣扎，如果他当时奋力挣脱魔爪或者采取相应的措施，也许可以摆脱险境。

然而我们身边的很多人，有时甚至包括我们自己，都把这一生的命运交给了上帝。

上帝是根本不存在的，上帝只不过是人们给自己苦难心灵的一个慰藉。所以，只有自己是自己的救世主，依靠任何自己本身之外的人和物都是毫无意义可言的。

世上没有什么救世主，如果说有的话，那也只有你自己。

有一个事业非常成功的经理，他把全部财产投资在一种小型制造业上，由于世界大战爆发，他无法取得他的工厂所需要的原料，因此只好宣

告破产。后来，他成为一名流浪汉。人生的灾难使他丧失了生存的勇气，有好几次，他都想结束自己的生命。

后来，他看到了一本名为《自信心》的小书。这本书给他带来了一丝活下去的希望，他决定找到这本书的作者奥里森·马登。

当他找到马登，说完他的故事后，马登却对他说："我已经以极大的兴趣听完了你的故事，我希望我能对你有所帮助，但事实上，我却绝无能力帮助你。"

他的脸立刻变得苍白。他低下头，喃喃地说道："这下子完蛋了。"

马登停了几秒钟，然后说道："虽然我没有办法帮助你，但我可以介绍你去见一个人，他可以协助你东山再起。"

刚说完这几句话，流浪汉立刻跳了起来，抓住马登的手，说道："看在上帝的分上，请带我去见这个人。"

于是马登把他带到一面高大的镜子面前，用手指着镜子说："我介绍的就是这个人。在这个世界上，只有这个人能够使你东山再起。除非坐下来，彻底认识这个人，否则，你只能跳到密歇根湖里。因为在你对这个人做充分的认识之前，对于你自己或这个世界来说，你都将是个没有任何价值的废物。"

他朝着镜子向前走几步，看到镜中的自己是如此的憔悴，如此的狼狈，他用手摸摸长满胡须的脸庞，不敢相信这就是从前那个意气风发的自己，他禁不住低下头，开始哭泣起来。

几天后，马登在街上碰见了这个人，几乎认不出来了。他的步伐轻快有力，头抬得高高的。他从头到脚打扮一新，看来是很成功的样子。

"那一天我离开你的办公室时，还只是个流浪汉。是你让我在镜子中找到了失落的自己。现在我找到了一份年薪3000美元的工作。我的老板先预支一部分钱给家人。我现在又走上成功之路了。"

生活中，有不少人面对激烈的竞争，常显现出措手不及的惊恐状，面对生活中的种种挫折和困难始终觉得自己是一个弱者，随时都有可能被迫退出人生舞台。但是，看看身边的人和事，我们就会发现，有很多成功的人都是通过自己的刻苦和努力改变了自己，从自己的身上找到了自己的特长，最终走向了成功。

有一个人在大海上航行，突然遇上了强烈的风暴，船沉没了，全船人死伤无数。这个人侥幸地获得一个小小的救生艇而幸免于难，他的救生艇在风浪中颠簸起伏，如同叶子一般被吹来吹去，他迷失了方向，救援的人也没有找到他。

天渐渐地黑下来，饥饿、寒冷和恐惧一起袭上心头。然而，他除了这个救生艇之外，一无所有，灾难使他丢掉了所有，甚至自己的眼镜。他的心灰暗到了极点，他无助地望着天边，此时，他是多么渴望上帝这个救世主能来到他身边，把他从黑暗中救出去啊，但是时间过了很久，周围依然毫无动静。正在他绝望的时候，忽然看到一片片阑珊的灯光，他高兴得几乎叫了出来。这个灯光使他想到了家里的灯光、妻子还有可爱的孩子，想到了年迈的父母，想到他们曾经对他说过的一句话："你是你自己的救世主。"——这句年轻时激励他从困境中走出来的话。他想这次他也可以拯救自己。于是他奋力地划着小艇，向那片灯光前进。

3天过去了，饥饿、干渴、疲惫更加严重地折磨着他，好多次他都觉得自己快要崩溃了，但一想到亲人，想到那句话，他又陡然增添了许多力量。第四天的晚上，他终于划到了岸边，此时，他已经不吃不喝地在海上漂泊了4天4夜，当有人惊奇地问他是否有人帮助他脱离了困境时，他很骄傲地说："没有任何人，是我自己。"

是的，你是你自己的救世主，除此之外，没有其他。如果在遭遇危险或不幸时，把命运交与上天处理，一切相信命里注定，不再采取任何解救的行动，那么结局往往只有一种：失败。相反，如果不相信命运，而相信自己本身的力量，也许结局便是另外一种模样。

第八辑

避开自信误区，正确认识自己的优势

相信自己，对自己充满信心是成功的保证。但是，如何看待和运用自己的优势是一门学问，如果一个人盲目自信，就会对自己的优势有着错误的认识和利用，无形中削弱了自己的能力。要避开优势的误区，正确地看待自己的能力，让优势加持自己的人生。

◎ 优势不等于胜势，有优势不等于有成功

成功并不总是与优势相伴，很多人在事业上并没有跌倒于自身的劣势上，反而摔在了自身的优势上。其原因就是不善于经营自身的长处，优势渐渐淡化，甚至消失，优势变成了劣势。因此在生活和事业中不仅要看到优势积极的一面，还应该看到其另一面，多一份忧患意识。

任何事物都具有两面性，优势能够造就一个人的成功，但是不充分利用优势，优势有时也会变成劣势。优势不等于成功，看到优势的另一面，多一份忧患意识，反省自己，走向成功。

唐海云和章姻姻是一对好朋友，唐海云是当地电视台“人与法”栏目主持人，法律上的事自是内行；章姻姻是某中学的英语教师，对法律条文只知皮毛，两个人约定来年一起去考律师。唐海云刚踏上红地毯，两人世界的浪漫，使她每天的生活充满激情，加上她记忆力好、理解能力强，同事都说她绝对能考上，她自己也一副志在必得的样子。章姻姻在这时却怀了孕，丈夫劝她算了，等孩子大点了再考。而章姻姻却说：我得跟肚里的小宝宝抢时间，争取在他来到世上前拿下律师资格证。一年后，考试结果出人意料：章姻姻考取了律师资格证，唐海云却落榜了。

很多人对这一结果都表示不能理解，其实原因很简单：有孕在身的章姻姻知道，如果这次考不上，那孩子一出生，坐月子、带孩子等事情就接踵而来，再考恐怕是困难重重、力不从心了，于是便放手一搏，妊娠反应时没放下书，肚子大起来了没放下书，就是行动不方便了也咬牙苦读，终于圆了她的律师梦。而唐海云一方面沉溺于两人世界的快乐和甜蜜，耗时

太久，另一方面认为自己做了这么多年有关法律的工作，对付考试应该没多大问题，再加上主持人的工作既忙又累，常常把读书学习排在第二三位，考试前的临阵磨枪使他走进考场时心中无底，一看考题就傻了眼……

优势和劣势不是固定不变的，是可以互相转化的。当一个人太相信自己的优势，做事时便很少深入分析，于是认为稳操胜券，往往就失了手，优势也就成了劣势。日本“经营之神”松下幸之助说过：“人生成功的诀窍在于经营自己的长处。”“经营”换句话也就是“发展”，你也许天资聪慧，也许经验丰富，但如果固守优势，而不以努力、勤奋加以发展，是无法让人生增值的。

每个人都有自身的优势，当一个人不能好好把握自己的优势，并将其最大限度地发挥出来时，优势便会成为他前进路上的羁绊，成为他认识事物时障目的树叶，优势也就成了劣势。

古时候有个小孩叫方仲永，他从生下来一直未读过书，可在5岁那年，他拿过纸笔后就能书诗一首，写得比那些有学问的人还好。后来别人任给一个题目，他都能写得一首好诗。他的父亲为了赚钱便拉他四处做客写诗。因为不学习，几年以后，他变得与一般的普通人一样了。

《三国演义》中有这样情节：

诸葛亮所在的城池被司马懿团团围住，诸葛亮却大开城门，自己登上城楼悠然弹琴。司马昭见此情况要冲进城去活捉诸葛亮，司马懿阻止道：“吾儿不可鲁莽，诸葛亮用兵平生谨慎，绝不会冒险，城中必有埋伏。”司马懿不敢近前，最终退兵。

方仲永本为神童，但最终因为不学习而流于普通人之流；司马懿的处境本来占有绝对优势，但却败在了诸葛亮淡定自信的智慧之下。两则故事表明：有优势并不代表就会成功。每个人都想依靠优势取得成功，但是不经营好优势，就不会成功。方仲永不是没有优势，他在诗歌方面有着得天独厚的优势，但是不注意后天的培养，磨灭了优势也就失去了成功。司马懿在兵力上有着得天独厚的条件，因为假象的迷惑，而不敢前进，终于以失败而告终。

优势很重要，它可以使你工作出色，获得嘉奖，放出光彩。但如果稍有不慎，就会把优势变成劣势，自己反而跌倒在优势上，优势能够造就成功，但它并不代表成功。应该发现优势，全面认识优势，发挥优势，才能走向成功。

◎ 本性是你的优势，不要为迎合别人而改变自己

从表面上来看，“在成长的过程中，你的个性会不断地改变”似乎已成为一种常识，但事实上，许多人恰恰陷入了这一误区。在成长过程中，你就是你，你不会变成另外一个人，你的个性也不会改变。

江山易改，本性难移。在成长的过程中，你的个性往往是不会改变的。因为个性是具有稳定性的，一个人的言谈举止都归因于他稳定、内在的个性。

在日常生活中，没必要为迎合别人去改变自己，那样你自己累，别人搞不好还会说你假，就做你自己不好吗？比如说你性格内向吧！为何非得逼迫自己变得外向呢？每个人都有自己的个性和特点，你改变了就不是你了，还是做好自己，要明白，你还是你，你的个性是很难改变的。

个性之于人十分重要，正是个性让人拥有了与众不同的魅力。人若没有个性，就如同一杯白开水无滋无味。尤其是在人才济济、竞争激烈的现

代社会，更应该适时地展现出自己与众不同的迷人个性，才能从人群中脱颖而出，显示非凡的气质和魅力，吸引别人赏识的目光。如果百般顺从、唯唯诺诺、毫无个性，不仅会被别人看不起，还将难以获得脱颖而出的机会。

张小飞就是一位个性张扬的女孩，这从她盘成一根根辫子的发型和自成一格的穿着上就可以看出。她说："我从来都是坚持自己的个性，面试时也不例外。哪怕因此失败了也从不后悔，因为我相信必定会有企业能容纳我的个性。"

3年前，张小飞进了上海一家有欧洲背景的游戏制作公司。应聘时，由于待遇优厚，报名者很多。经过几轮筛选，最后只剩下张小飞和另外两个女孩，由公司老总亲自面试选其中一个。

面试这天，老总故意将帽子戴歪，领带扎得很短，还在衣服上溅了几个墨点。第一个女孩虽然一进入面试办公室就一眼看到了这些，但她怕说出后引起老总不快，只是认真地回答了有关提问，便直接离开了。

第二个女孩进入面试办公室后，脑子里只是紧张老总的提问，似乎压根儿就没看到老总身上那些与"正事"无关的东西，考完也直接出来了。

而张小飞一踏进门，便先神情严肃地指出了老总几点不雅处，并深入剖析道："作为一个跨国公司的总裁，这将有损于您自己和公司的形象……"

老总听完她的"意见"后，有点惊讶了："你说话很直接，也很有个性，难道你不怕因此而失去这次机会吗？"

张小飞觉得没有必要掩饰自己的真实想法，于是不卑不亢地回答说："虽然我很想得到这次机会，但我不会为了一份工作而掩饰自己，我从来都是坚持自己的个性，我也相信必有企业能容纳我的个性。"

老总听了张小飞的回答后点点头，又指指她的头发问："你的发型很有意思，为什么做成这个样子？"

张小飞说："是我自己想出来后，请发型师替我做的。没有原因就是喜欢。"

随后，张小飞也问了老总不少问题，在发问之前，出于礼貌，她说："可不可以问您一些问题？"

老总手一摊表示可以问任何问题："Anything！"

张小飞问他为什么来中国，是否喜欢上海，晚上去不去衡山路酒吧，就是这些很轻松的话题，使他们聊得很投机——本来似乎应该很严肃的面试，居然变成了闲聊。

面试结束时，老总笑着对张小飞说："你的个性适合我们的企业文化，也适合这份需要创意的工作。"

就这样，张小飞被录用了，原因就在于她直率的个性。用老总的话说就是："来求职的人所犯的最大错误就是不保持个性，他们不以真面目示人，不能坦诚相见，却给你一些他以为你想要的回答。可是这种做法一点用处也没有，因为没有人要伪君子，就像没有人愿意收假钞票一样。"

每一个人都是一个独立存在的个体，生来就和别人不一样，你就是你，你不是别人，别人也不会是你。没有必要刻意模仿别人，盲目随波逐流，更没有必要硬把自己纳入什么模式当中，要善于运用个性的资本，始终保持自己的清醒和独立，时时刻刻都敢于表露自己与众不同的迷人个性。

如果仔细想想，你会发现：人在成长的过程中，假如不改变个性，会获得许许多多的好处。比如，你可以完全相信自己，不再相信除你之外的任何事物。你认为永远不会有谁做的贡献能和你完全一样。还有，你觉得自己不用再听父母、老师或老板告诉自己的努力目标，相反，你开始倾听自己极其了解的声音，那就是——自己的想法。每个人都要明白这个道理：我是我，我的个性不会改变。

◎ 高学历不等于真本事，有学历不等于有优势

一些用人单位在引进人才时，或者在评价一个人的能力时，学历往往是一个重要的标准。所以在很多时候，不少人认为高学历是一种优势，所以盲目地追求所谓的“高学历”“多证书”。

母鸡下了一年的蛋，从狐狸那里换来了一张“游泳大学毕业证书”。母鸡高兴极了，拿着证书去找猴子，要求猴子给她“游泳健将”的待遇。

但出乎母鸡预料的是，猴子拒绝了母鸡的要求。

“咯咯咯，”母鸡争辩说，“这文凭来得容易吗？它可是我用一年的蛋换来的呀。”

猴子回答说：“母鸡的职责是下鸡蛋，即使你有了毕业证书，也不能说明你就是游泳健将呀。”

当下，很多人就像这只母鸡一样，认为拿到一纸文凭就会有本事了，其实不然。在这个实践为真知的时代，学历代表一个人受教育的程度，它既不能说明你有多大的优势，更不能说明你有了真本事。

不可否认，高学历的人往往眼界开阔、思维活跃、知识丰富，但是，由于他们缺乏实践经验，常常很难找到适合自己的平台。现在，甚至有许多高学历的人还找不到工作，也正说明了这点。另外，学历只是受教育的程度，而用人单位看重的是实践能力，所以说，高学历并不是自身优势的代表。

当一个人过于依仗学历的时候，他一定会因为经验不足而遭受挫折。

一名博士被分配到一个动物研究所上班，在所里，博士是学历最高者。

一天，博士到单位的池塘里去做动物研究，碰巧的是，研究所里的一正一副两个所长也在。博士微笑着向他们点了点头以示致意，然后一声不响地在一边工作。博士了解到，这两个所长只有大专学历，所以，在博士眼里，在工作上自己没有什么话和他们谈。

不一会儿，正所长停下手中的活，“蹭—蹭—蹭”地从水面上踏到对面上厕所。

博士看到后不敢相信自己的眼睛！

正所长上完厕所后，还是“蹭—蹭—蹭”地从水上“飘”回来了。

怎么回事？博士又不好意思去问，因为自己是博士生，不应该有什么不懂的问题。

不一会儿，副所长也站起来，“蹭—蹭—蹭”地从水面踏过去上厕所。博士更加惊讶了：难道研究所是一个武林高手隐居的地方？

过了一会儿，博士也内急了。厕所在池塘的对面，上厕所最近的路就是从水面踏过去。

博士想：“我就不信专科生能过的水面，我博士生过不去。”

只听“哗啦”一声响，博士掉到了水里。

很快，两位所长把他拉了上来后，博士奇怪地问：“为什么你们可以从水面踏过去呢？”

两所长相视一笑：“你不知道吧，水里有排木桩子，因为这两天下雨，水刚好淹没了木桩，因为我们知道木桩的位置，所以可以踩着桩子过去呀。”

这个故事告诉我们一个浅显却又重要的道理：一个人如果仅是凭学历，往往是要闹笑话、吃大亏的。所以，不管你学历有多高，一定要尊重实践，这样才能少走弯路。

不难理解，进入了一个新的工作环境，学历已经不能成为你的优势了，应当积极地投身到对新环境的熟悉和适应之中，虚心向有经验的前辈求教，这样才能迅速地掌握原本并不易发现的资源——“木桩”，而不是绕远路或者掉到水里。当一个人不依仗学历时，常常更容易被人接纳。

黄灿是一位博士，在上海找工作时，居然没有一家企业愿意聘用这位哈佛大学的高材生。

没有办法，黄灿决定换一种方法试试。他隐瞒了自己“海龟”的身份，去应聘程序录入员的工作。

不久，他就被一家软件公司录用了，做了一名程序录入员。

没过多久，项目主管发现，黄灿竟然能指出程序中的漏洞，这绝不是一般录入员所能做到的。这时，黄灿拿出了自己的学士证书。主管很惊讶，觉得在自己的项目组里藏龙卧虎，很快就给他调换了一个与本科毕业生对口的工作。

过了一段时间，项目经理发现，黄灿能对自己的项目提出不少有价值的建议，这比一般大学生水平要高很多。这时，黄灿亮出自己的硕士身份，项目经理又提升了他。

一年过去了，老板在考核员工的时候，发现黄灿比一般的硕士有水平，工作很出色，就找他谈了谈。这时，黄灿拿出博士学位证明，并介绍了自己在公司的工作经历。

老板了解情况后很惊讶，毫不犹豫地重用了黄灿。

所以，我们不要为了建立某种优势心理，盲目追求高学历。许多人都在盲目地追求高学历，认为学历高就会得到重用。其实，在这个学历价值缩水、实践第一的时代，人们第一看重的是能力。所以，一个人能不能得到重用，优先考虑的不是有没有高学历，而是看这个人的实际工作能力和水平。所以说，一个人的优势常常是不在于学历有多高，而是看他能力有多强。

◎ 擦亮你的眼睛，不要将兴趣当优势

个人兴趣与个人优势是两个大的方面。如果你只是凭着自己的感觉、自己的兴趣去做一些事情，实现理想就会比较困难。要明白，个人兴趣不一定是个人的优势，每个人都要走出这个误区，充分认识兴趣与优势的关系。

个人兴趣与个人的优势是处在不同层面的需求。人可以有很多的兴趣、爱好，但人的优势不会太多，一般只有一两项。兴趣只是一种娱乐，而优势代表一定水平的能力。可以说，兴趣只能丰富生活，是一种心理倾向，优势可以成为你成就事业的能力，同时，也是让你走向成功的基石。可见，个人兴趣并不一定是个人的优势。

建建是一个 30 多岁的职业女性，兴趣十分广泛。

年轻的时候，为了给自己充电，她报了好几个职业技能培训班。

在家里，父母经常看到建建在专心致志地看《服装设计》，旁边的人大声喧哗对她没有任何影响，父母知道建建对服装设计特别感兴趣。

建建还喜欢美甲，她曾经花一个月去了专门的美甲机构学美甲。

另外，建建还喜欢写作，闲暇时会坐下来写点文章，但是，她写的文章很一般，虽然她也一再坚持写作，最终还是写不出像样的作品来。

建建的本职工作是一名会计，这一年，单位精简人员，建建却因为缺乏竞争优势而下岗了。

下岗后，建建不知道自己该做什么了，更不知道自己会做什么。她这

时才发现，自己之前喜欢服装设计，学习美甲，都是因为觉得好玩，现在，要将这些转化为生活技能，自己的水平还差得很远。

个人兴趣是指喜爱某种事情，或者某种技能，但是不一定达到比较好的水平。个人优势一般是指做某种事情，或者具有的某种技能达到比较好的水平或者程度。大家一定要明白，两者是不同的。

许多人误认为个人兴趣就是个人优势，于是就喜欢培养自己的兴趣，发展自己的兴趣。但是，兴趣只能是兴趣，你再发展也不可能变成优势。要明白，兴趣是指情趣所致在某方面具有一定的素质基础，就是你喜欢做某事并且有一定了解，可是，你不一定比他人有突出的能力。但是优势就不同了，它往往是指个人比他人更为突出的能力。

个人兴趣与个人优势有什么联系呢？个人优势的建立，离不开兴趣。一个人在某个方面有优势，往往会对事物比一般人有更强烈的兴趣。优势的建立，首先从激发兴趣入手，一旦对你要求的事有了兴趣，你的优势也就建立起来了。

孩子10岁的时候，成绩很不好，更没有像其他孩子那样有一些特长，他的妈妈很着急，于是就给孩子买了一把小提琴，希望能从小培养孩子的音乐素养。可是，孩子对小提琴根本没有什么兴趣可言，他更喜欢在假期和邻居的孩子一起捉迷藏、过家家。无论父母对孩子的要求是多么的严厉，孩子学起来总是三心二意的，孩子的心不在小提琴上。

妈妈决定从培养孩子的兴趣着手，让孩子主动去学。

每当有音乐会的时候，妈妈就带着孩子一道去听一听，一开始孩子在音乐厅里是坐不住的，但妈妈告说他，让他先不要去听什么，而是看看演奏者演奏完了观众是如何对待他们的。孩子看到，每当一曲终了的时候，观众都会报以热烈的掌声，还有的观众送上一些鲜花给演奏者。孩子似乎很羡慕演奏者这时的风光，这时妈妈告诉他，只要他认真踏实地去学，他也会像这个演奏者一样受到别人的尊敬。渐渐地，孩子似乎能坐下来听了，有时听见是自己练过的曲子，他还会和妈妈交流一番。孩子对音乐有了一些兴趣。

妈妈除了用感染的方式来引导孩子学音乐之外，在孩子练习的过程中，还会用一些小方法来激发孩子的兴趣。

一天，孩子随意拉了几首曲子以后就再也不愿拉了，这时妈妈突然叫住孩子："孩子，刚才你拉的是什么曲子，你拉的这么好，就是成名的音乐家恐怕也只有这个水平，再拉一次好吗？""当然可以！"孩子高兴地回答。妈妈又乘机让他拉一些其他的曲子。

还有一次，孩子在拉完一曲以后，妈妈对孩子说："你已经拉得这样好了，再过几个月就是你姥姥80大寿，我想你在姥姥的寿诞上开个你个人的音乐会，姥姥肯定很高兴。""那太好了。"孩子欣然同意。从那以后，孩子起早贪黑地练曲子，到他外婆80大寿时，孩子已经娴熟地拉上十来首曲子了。从此，每当家里有人生日或者在节日里，孩子的"音乐会"成了必定的节目，孩子也因此爱上了小提琴。

就这样，这位妈妈终于培养了孩子对小提琴的兴趣。后来，孩子对小提琴到了痴迷的程度，现在，这个孩子已经成为国内知名的小提琴家了。

所以说，兴趣是一个人建立优势最好的导师，一个人不管有多么的聪明，有多么的杰出，都离不开对兴趣的培养。从某种程度上说，兴趣是优势的基石，但它绝不是优势。

所以，不要把个人兴趣与个人优势混为一谈，要对自己有足够的认识，彻底分清什么是个人兴趣，什么是个人优势，这样，你才能更好地把握自己的优势，利用自己的优势。

有些个人兴趣经过发展，可能会成为个人优势，但是有些兴趣是不会发展成为优势的，当兴趣不会发展成为优势的时候，一定不要把时间浪费在没有优势的方面上，这样只会让自己误入歧途。在人生的道路上，只有善于发现自身的优势，然后充分利用自己的优势，才能获得成功，收获美好的人生。许多人进入了“个人的兴趣就是个人的优势”的误区，陷入这个误区的人一定要从中走出来，彻底认识个人兴趣与个人优势，然后发展自身的优势，创造精彩的人生。

◎ 不迷信经验优势，懂得打破思维定式

人们常会自豪地说：“这事我有经验。”言下之意，自己某件事做得多，就一定能做好。有经验是一个人的优势，但是，要是过于依靠经验，势必形成所谓思维定式：先前形成的经验会使人形成固定认识，从而影响后来对事情的判断。这种模版式的思维方式，常常给人带来极大的危害。

在非洲的撒哈拉沙漠里，骆驼是最重要的交通工具。在撒哈拉每个养骆驼的人家，都有一套人驯骆驼的技能。

当小骆驼出生时，养骆驼的人就要在地上埋下一根木桩，并用鲜艳的红线缠裹，然后把骆驼拴在上面。小骆驼当然不甘被一根小木桩拴住，于是拼命拉着绳子，前后左右，想把那根小木桩从地下拽起来，但每次的努力都失败了。

几天后，骆驼累得精疲力尽了，渐渐地开始屈服了。这时，主人拆了木桩上缠裹的红线，然后坐在木桩上，用手拉住拴骆驼的绳子，不住地抖动。这时骆驼又拼命地拽，甚至连蹄子都拽出了血，可是依旧摆脱不了那根紧拉的缰绳，渐渐地，骆驼再次臣服了。再后来，牵骆驼缰绳的人换成了一个孩子，骆驼仿佛看到了希望，开始了新一轮的挣脱。当然，最终它还是失败了。

最后，骆驼于彻底驯服了。从这时起，只要主人手拿着一根拴着骆驼的小木棍，随便往地上一插，骆驼只在那根小木棍周围打转，不再做“无谓”的抗争了。

因此，当沙漠风暴突然来袭时，一些骆驼队的人为了防止自己的骆驼刮走，往往在地上插上一根木棍，这样就等于固定住了骆驼。最后，虽然驼队的主人被巨大的沙暴远远裹走，但是这些骆驼却寸步不离地守着那根小木棍，等待着它的主人，一天、两天……直到最后被饿死。

有经验是优势，但习惯于经验也会成为人生的束缚，所以不要盲目地推崇“经验第一”。必须拿出破除经验的勇气，闯出一条新路。

原有的思维习惯使人在解决问题时不用太多的思考，能减少摸索的过程，让行动更快速，这是一个人难得的优势；但是，这种固有的思维有一定的刻板性。另一方面，它容易让人过多地依赖经验，稍有不慎，就会导致人在解决问题时陷入困境。所以，人一旦养成了某种习惯的思维定式，就会习惯地顺着这种方式去思考问题，不愿也不会转个方向、换个角度想问题，这是很多人的一种愚顽的“难治之症”。这时，本当是优势的经验，一下子就会成为劣势。

为了给大楼加装一部电梯，专家们费尽了脑筋。因为不管怎么设计，不是楼内空间不够，就是会影响到大楼的安全。虽然参与设计的人都是顶级的专家，他们的讨论也持续了近一个星期，但最终还是对其束手无策。

这天，专家们又在为如何加装电梯而争论不休，近来倒垃圾的一名清洁工小声说：“为什么不能把电梯放在大楼的外面呢？”

一句话让这些专家恍然大悟：“是呀，为什么不能把电梯设计在楼外面呢？”

据说，室外电梯就是这个清洁工想到的。

在此之前，楼梯都是在室内，所以在加装楼梯的时候，人们受到惯有思维的束缚，很自然就想到了室内。这样，专家也被难倒了。清洁工没有惯有思维的束缚，问题反而解决了。

所以，不要迷信经验，懂得打破思维定式。让自己善于改变思维定式，改变观念。学会根据不同状况来改变自己的思路。不善改变思维，在遭遇困境时，即使你有优势，也很难找到出路。现实中，有人会因为走不出思维定式而走不出可悲的宿命，而一旦走出了思维定式，就会看到许多别样的人生风景。工作中，在遭遇瓶颈时，不要抓住经验不放，要试着改变自己的思维习惯，很可能就会走出优势的误区。

◎ 优势十足，也不要犯眼高手低的毛病

有这样一类人，他们有令人羡慕的才华，但在事业上却总是碌碌无为，工作业绩平凡；他们满腹经纶，却没有用武之地；他们有丰富的经验，可是最终还是铩羽而归。就能力而言，这些人有着一般人无法比拟的优势，但遗憾的是，因为犯眼高手低的毛病，让自己有优势没有胜势。

“千里之行，始于足下”，对于成功而言，眼高手低往往会浪费自己的优势，只有脚踏实地才能把优势化为成功。

一家公司招了一名新员工叫杨步前，是一名管理学博士。实习期是3个月。

在实习期，公司并没有给他定岗，而是让他在公司干些小事、杂活。他的工作内容甚至还包括了打扫厕所卫生，补充办公用品。

居然让自己做一个勤杂工做的事，这样的待遇让令杨步前大失所望，

因为自己是博士，在公司干些杂活，不仅觉得公司埋没了人才，更觉得公司在浪费自己的时间。于是，杨步前工作上能敷衍就敷衍，能不做就不做。

主管看到杨步前这样的工作态度，于是就找他谈话，告诫他说，不管是什么学历，公司的新员工都要有做杂事、小事的能力和耐心，这是入职的必修课。

可是，主管的告诫并没有让杨步前转变态度，他反而觉得这是公司管理的失当，在他看来，自己应聘的是主管工作，就应该做主管该做的事，让一个高管去做勤杂工做的事，这是对员工的不尊重。

最后，因为杨步前经常迟到，工作不积极，不久就被公司解除了聘用。

被辞退的杨步前博士这才清醒过来，当初自己应聘到这家公司也是费了不少精力的，眼前的就业形势，要再找一家这样的公司和这样的待遇也不容易，可一切都已悔之晚矣！

有些出自名校或者高学历的毕业生常常会说："我们不会在一些鸡毛蒜皮的小事上浪费精力，我们的高智商、高能力是用来做一些重要的事情的。我们的高学历不是用来做服务生式的工作的。"这样的言辞似乎是一些高学历者的通病。他们总是认为一纸高文凭就会使得他们身价大增，让他们显得比别人有优势，他们是骄子中的骄子。其实，不管学历有多高，能力有多强，只有踏踏实实做事才能显示出这些优势来。

所以说，即使你优势十足，不妨从基本的工作开始做起，从一点一滴的小事做起，只有一步步地默默努力着，你才能够展现你的优势。

李明艳硕士毕业后幸运地进入一家国企工作。

在档案管理室人不多，但李明艳学历最高，专业能力最强。但是，李明艳在工作上从不挑三拣四，大大小小的事都会认真去做。有一天。单位马桶出现问题，李明艳就帮着修理。她看见马桶太脏了，就拿起抹布，一遍遍地抹洗马桶的每一个部位，每一处缝隙，最后把马桶洗得“光洁如新”。

在负责档案管理的工作中，科班出身的李明艳很快就发现了公司在这方面存在的不足。原来，公司一直缺乏档案管理人才，所以，档案管理工作一直很混乱。李明艳的到来，增强了档案管理的人才力量。

为了改变这种局面，李明艳开始连夜加班，写出一份系统的解决方案，然后发到主管的信箱中。没过几天，主管就采纳了她的方案，并对她说：“对勤奋的人，公司向来是给予足够的空间施展才华的。”

没多久，公司高层很快知道管理科有个叫李明艳的人很出色，能力很全面。

半年后，公司人事大调整，新来的行政任命文件上赫然印着李明艳的名字——她升职了。

杨步前和李明艳都有一定的优势，但结果是截然不同的。他们之所以有这样的区别，就是一个眼高手低，一个脚踏实地。所以说，优势能不能成为优势，主要是看用怎样的态度去利用优势。假如一个人眼高手低、恃才放旷，优势就不会得到充分的利用；假如一个人能放下优势带来的优越感，凡是从小事做起，不仅能充分利用自己的优势，还能够放大优势，取得超出优势的成绩。

◎ 建立自己的优势，不要抱着“完美主义”不放

很多有上进心的人一直在想办法建立自己的优势，以此提高竞争力，提高自己的生活层次。于是，这些人非常严于律己，他们通常是以完美主义者的标准来要求自己，甚至不愿意接受自己或他人的任何缺点和不足，对人对己都非常挑剔甚至异常苛刻。他们在生活和日常交往中，努力使自己达到具有渊博的学识，保持优雅的姿态、不俗的气质、不凡的谈吐；在工作中不但要求做到不出任何差错而且还要完成得出色而完美。

在建立优势时，他们是“完美主义者”——这是建立优势时的一个误区——用这样的心态来提升自己，很难建立某种优势。

苏小西是一个年轻的白领，也是一个绝对的“完美主义者”。她认为女性应该漂亮、有才干和心地善良……她甚至想将女人的所有优点都集中到自己身上来。

为了让自己尽可能地漂亮，小西经常让自己保持优雅的姿态、不俗的气质和无可挑剔的谈吐，但她又常常为一个自认为不够优雅的姿态而紧张焦虑。

为了支撑自己“有才”这个门面，小西常常会在别人面前天文地理侃侃而谈，可又不时对自己在别人面前的失误而耿耿于怀，她很怕因此而让人瞧不起自己。

为了“善良”，小西常常助人为乐，也很乐于奉献和牺牲，可又总是觉得时时处处为别人着想，实在是委屈了自己，克制了自己许多的欲望。

为了完美，过度焦虑的她常常为穿衣服而费尽心思，要求自己不完美就不进入公共场合。她的内心是那么脆弱、惶恐和不安，深怕某些地方不完美而遭到别人的非议。

虽然心里很不乐意，但心中的“完美主义”却逼着小西不得不如此。久而久之，她自己需要什么，不想要什么，已经不知道了，也不敢为合理的要求去索取什么了。

结果，小西不仅不完美，反而丢失了真实的自己。

难道“完美主义”是一个错误吗？难道人在这个世界上就不能追求“完美”吗？其实都不是，只是小西进入了一个误区。在生活中，完美是一种最高境界，得到后你就会在某个方面有着他人不可比及的优势，但很少有人能做到。要求自己必须是完美无瑕的，就会在一定程度上给自己施加了很大的压力，经常有挫败感，会使自己和周围的人苦不堪言，不胜其累。

刘慧菊曾是个心高气傲的人，从读书到工作一直拥有着无数荣誉。她的一生似乎都以追求奖状，追求完美为目标。这样的性格在刘慧菊小的时候就已经显露无遗了。

小时候，每当刘慧菊做作业，写了错字的时候，如果用的是铅笔，她就要用橡皮擦把错处擦得干干净净，以至于此处像没有经过擦写一样；如果用的是圆珠笔或钢笔，那么她会把错处涂改得尽善尽美，比如将错处描成一朵“花”。

如果实在不能满意的话，刘慧菊宁愿花出很长时间去换一个新的作业本，然后把以前所写的作业都小心地誊抄一遍——目的仅仅是为了保持作业本的整洁。

做完这些以后，刘慧菊会很满意，因为这样不仅可以得到别人的肯定和表扬，而且对于自己来说，也是一种非常舒服的成就感。

时间长了以后，就自然会形成这样一种情景：如果一件事情没有做到自己满意的地步，那么，刘慧菊必定是吃不好，也睡不好，总觉得心里有个疙瘩，很不舒服。

随着年龄的增长、事务的增多和责任的加重，对于所有的事情都那么孜孜以求完美是不太现实的事情了，时间和精力上的局限也不允许刘慧菊这样做。

但可能是以前所养成的习惯“太难改变”了吧，所以刘慧菊的思维方式及个人习惯却依然带有完美主义的痕迹。

毕业后，刘慧菊进了一家非常有名的大企业，并很快升到了一个重要的位置。她依然是那么追求完美，找的老公也同她一样优秀，是个拥有无数奖状和奖杯的事业型男人，甚至连她家里养的那条名种老虎狗，也是冠军狗，拿过大大小小狗展的奖项。

但是，现在刘慧菊越来越感到烦恼，因为她感到自己那么乏味，那么不讨人喜欢，那么落伍。

感觉自己乏味，可能是因为自己的品位吧，她也不晓得是不是自己的品位越来越高，总之，不管什么样的娱乐活动，什么样的影视剧都没有刘慧菊喜欢和欣赏的。

“无聊”“庸俗”“低级趣味”“肤浅”“脱离实际”这样的评语在刘慧菊观看的时候总能不知不觉地冒出来。

即使是在公司里，同事在议论某个电视剧、某档娱乐节目或某个品牌服装的时候，刘慧菊也要情不自禁地皱起眉头，一脸厌烦的样子。

和同事、家人的格格不入让刘慧菊很烦恼，虽然没有过明显的矛盾发生，但是刘慧菊却明显地感觉到大家和她越来越疏远了。

最了解她的老公曾直言不讳地说：“谁都不是圣人，你也不是神仙，干吗一定追求什么完美，搞得自己也累，别人也累呢！”

其实，刘慧菊心里也很明白，这一切都是自己追求完美所造成的，可是这样的状态自己已经坚持了20几年了，怎么能改呢?

完美主义者建立优势的最大特点是：要求自己，甚至对身边的每一个人都提出要求，将每一件事情必须做到尽善尽美，哪怕只是一个小小的细节。其实，醉心于追求“完美”优势的人，反而很难建立优势，因为“完美”毕竟是抽象的，相对的。所以，在建立某种优势的时候，一定要注意相对性：今天的你优于昨天的你，你今天超越了身边的人，你的优势也就建立起来了。

◎ 不管你多牛，自命不凡总不会有好结果

在一个集体中，你或许是功臣，或许是技术骨干，你有着他人无可比拟的优势，但一定不能自命不凡。人们大都喜欢低调的人，不喜欢依势张扬的人。

吴承风是公司的技术员，最近却被提前“退休”了。

在厂里，吴承风算是元老级人物了。公司成立那天起，他就跟着老板一起打拼，和老板关系也不错。在技术上，吴承风也是个元老级的人物，技术非常过硬。

厂里安排吴承风带几个新手干活，可是，吴承风自己从来不动手，只让那些新手去做。不可否认，在所有的技术员中，吴承风的业务最熟。因此，他平时很少做其他的工作，有些本来是自己做的事，他也分给其他人

去做。很多时候，别人忙的时候，他却很清闲。

吴承风喜欢喝酒，上班也会喝，喝多了就不工作了，躺在宿舍里睡觉。主管为此说他很多次，可吴承风都说："公司谁的技术有我好？你有什么资格对我指手画脚的？"

有一次，公司的设备坏了，吴承风故意好几天都不去修理，其他人又修不好，弄得主管没有办法，主管只有让老板处理。

为了强化管理，老板只有请吴承风"提前退休"，等于是辞退了他。

在公司，无论是技术还是人脉，吴承风都具有很强的优势，但就是这样一个优势十足的人，最终还是被辞退了。究其原因，一切都是自命不凡惹的祸。

很多人拥有了某种优势，心理上就会有一种优越感，于是，喜欢在大家面前粉饰、吹嘘自己，陶醉在自我营造的一种浅薄、自命不凡的感觉中，怕别人把自己给忽视和看低了。这恰恰显示了他们的浅薄和无知，其效果只会适得其反。所以，不要在你的优势中夹杂着傲慢，不要使你的优势缺乏智慧。人只有谦虚谨慎，才能不断丰富自己的知识，增强自己的优势，进而取得更大的成功。

李明是清华大学的高材生，刚刚毕业便分配到了一家较大的IT公司。初进公司，他便负责参与一个比较重要的项目。虽说李明在学校时成绩优秀，但是要想做好这个项目，还真得需要一些经验和知识不可。李明没有被这个任务所吓倒，而是首先充实自己的知识，在上班时，积极地向其他的项目负责人学习，学习他们的管理经验，并和他们建立起合作关系，下班也主动与他们沟通。这样过去了一个月，李明不但圆满地完成了这个项目，而且还与同事建立了良好的人际关系。

李明成了这家公司的老员工，积累了丰富的项目经验，公司对他更加器重，让他负责许多重要的项目。可是，李明没有因为这些成功而改变以往与人沟通、向人学习的性格，反而更加谦逊，时时与各个项目负责人交流经验，互通有无。这种良好的工作态度和精诚协作的工作精神受到了老总的赞赏，公司为他们颁发了集体奖旗，还为他们加了工资，并建立起集体项目基金，李明被升职为集体项目负责人。

李明升职后，为大家定了一条规矩，如果有不懂的事，就写在公司网站规定的网页上，有人负责解答，大家互享经验。

由于大家积极合作，互通有无，他们部门年终时又获得了巨大的效益。

谦虚使人进步，因为谦虚的气度让你看见了别人的闪光点。只有谦虚的人才能看到别人的优点，并加以吸收变成自己的优势。

谦虚谨慎的品格，还能使一个人面对成功、荣誉时不骄傲，把它视为激励自己继续前进的力量，而不会陷在荣誉和成功的喜悦中不能自拔，沾沾自喜于一得之功不再进取。谦逊不仅是一种修养，也是一种美德，更是一种境界，还是一个人发挥优势的要诀。

在人的成长中，随着社会的不断发展，今天的优势，明天有可能就成为劣势，所以，必须能够跟上时代，让优势更优。得意忘形、自命不凡只能给自己带来伤害甚至毁灭。而那些越是功底深厚的人，越是诚信笃行，保持低调。

◎ 认清优势和弱势，你才能真的“得势”

很多人认为，成功必须要克服自身所存在的弱势，因为弱势是一个人走向成功的障碍，只有认清和克服自身的弱势，才能走向成功。

的确，一个人最难克服的就是自身的弱势，主要包括贪婪、嫉妒、懒惰、吝啬、悲观、拖沓等。人们也只有克服了这些弱势，清除自己迈向成功的最大阻碍，才能顺利抵达成功的彼岸。

其实，弱势是成功的障碍并不是绝对的，弱势是一个人的短板，认清自己的弱势，办事的时候针对这些弱势下手，就会使事情达到事半功倍的效果，从而更能顺利地走向成功。这就像汛期的长江大堤，稳固坚实的那段河堤具有防洪的优势，但是，要想预防洪水，必须找到脆弱的那段河堤，这样，才能让整个大堤具有良好的防洪功能。

所以对一个人来说，认清自身的弱势和认清优势一样重要。一个人只有认清优势和弱势，才能真的“得势”。

李霞大学毕业后进入了一家化妆品公司做了一名市场调查员。李霞每天的工作是在街上向路人发放调查表格。后来，因为她工作努力，公司让她进入销售部。随着她自己的不断努力，她很快被公司提升为销售主管，在荣升为销售主管之后，她进一步加深了对化妆品行业的认识，她的业绩几乎占了全公司的一半以上。

因为长期在化妆品领域工作，使她对化妆品行业了如指掌。有朋友建议她说：“你有这样的优势，为什么不自己创业呢？”

几年之后，在朋友的建议下，李霞凭着自己稳固的人脉资源，从公司辞职，创办自己的公司。

但事与愿违，李霞的公司效益一直都不好。为什么打工的时候在这个行业能如鱼得水，而到自己创业的时候就举步维艰呢？李霞不知道问题出在哪里。

她去咨询专家，专家告诉她，她有做销售的经历，公司有渠道优势，但是，经营一个公司需要的是各方面都要具有一定的优势。李霞没有意识到，自己最大的缺陷是缺乏全方位的管理经验，这是公司举步维艰的原因。专家建议她找一个职业经理人管理公司，而她自己则去做公司的销售员。

在所有成功人物的奋斗史中，他们都是避开自己的短处，将自己的优势发挥出来，才取得成功的。而李霞只看到自己有丰富的销售经验，没有看到自己管理经验的不足，没有分析自己的优势和弱势，不了解自身的弱势和创业所要具备的优势，用自己的弱势来打拼创业，所以失败也是一种必然结果。

每个人都有弱势和优势，在成功的道路上，只有认清优势和弱势，才能扬长避短；只有认清自身的劣势，才可能找到成功之路。

田忌是齐国大将，非常喜欢赛马。有一次，田忌与齐威王进行一场比赛。他们把各自的马分成上、中、下三等。比赛时，田忌用上等马对齐威王的上等马，用中等马对齐威王的中等马，用下等马对齐威王的下等马。由于齐威王每个等级的马都比田忌的马好，所以田忌总是输。

田忌很扫兴，垂头丧气地准备离开赛马场。但他的好朋友孙膑要他再赛一次，说有办法准能让他取胜。

一声锣响，比赛开始了，孙膑先以下等马对齐威王的上等马，输了第一局。第二场比赛，孙膑拿上等马对齐威王的中等马，获胜一局。第三场比赛，孙膑拿中等马对齐威王的下等马，又战胜一局。比赛的结果是三局两胜，这样，田忌就赢了齐威王。

这就是我国古代田忌赛马的故事，同样的马匹，同样的规则，田忌之所以能赢，是孙膑看清了田忌马匹的优势和劣势所在，通过调换比赛的出场顺序，从而得到转败为胜的结果。所以说，完全认清优势和劣势就取得成功。所以，在认识优势的同时，一定要看到自己弱势的所在，这样，才能强化既有优势，才能让自己真正有优势。

第九辑

成功者是因为有了相信才有了成功

人生在世，好的命运要依靠自己去创造和改变，应随时赋予自己改变命运的力量，不断地告诉自己："我一定能应付过去。"一位诗人曾写下这样一句话："我们是命运的主人，我们是掌握灵魂的船长……"成功要靠自己谋取，只有一切靠自己，相信自己，人生才会有大不同。

◎ 克莱门提·史东：我为什么不能成功？

克莱门提·史东是美国保险公司的董事长和主要的股份持有人，同时也是阿波特—柯维尔公司的董事和主要股份持有人，并且还是霍斯思书店的董事长。他可算得上是美国最富有的人之一。在20世纪六七十年代，他拥有的个人资产达4亿美元之巨。他一生都从事推销，推销保险，推销自己的信念和致富的方法。

史东出生于1902年。很小的时候，他的父亲就去世了，只剩下孤儿寡母两人相依为命，家境贫寒，生活非常艰难。

为了维持生计，史东的母亲做了许多年的缝纫女工，并用省吃俭用攒下的一点钱向底特律的一家小保险公司投资。这家保险公司是专做健康一意外伤亡保险的。后来她成了这家公司的保险推销员。耳濡目染、言传身教，对年幼的史东影响很大。无形中，也就种下了他这一生事业的第一颗种子。

很小的时候，他就知道为母亲分忧。课余时间，他卖报挣钱。报童之间经常为争夺地盘而发生争执，他也经常受到比他大的孩子的欺侮。由于他从小个性就比较刚强，一般是不肯示弱的，而结果往往是他占上风。

有时，他到一些小饭馆小酒吧里卖报，因为那里聚集的人多，而且能遮风避雨。那些老板却讨厌这些小报童，见到就赶。史东不知被赶出去多少次，可他总是趁老板不注意又偷偷地溜回去。这也造就了他不怕碰壁的坚强性格，日后成为竞争中的强者。

就在史东初中毕业，将要升高中的那年夏天，母亲见他闲在家里，让他试着为保险公司拉拉生意。他依照母亲的指点，来到一座办公大楼前，他不知道该从何开始，不敢走进大楼。他站在那儿，心里重温着母亲对他说过的话：“当你尝试着去做一件对你只有好处而不会有坏处或损失的事时，不要有顾虑，说干就干！”这样，他便有了勇气，毅然地走进了那扇大门。

他从一间办公室走到另一间办公室，不断地劝说人们到底特律健康一意外伤亡保险公司投保。他甚至不敢有片刻的犹豫，担心恐惧会乘虚而入。他从底楼一直跑到顶楼，逢人就说，终于争取到两位客户。尽管成果并不理想，他却非常高兴，因为这是他第一次当推销员的成绩呀，这已经相当令人鼓舞了。

万事开头难，只要有良好的开端，就不愁将来没有发展。由于他争取到两位客户，史东在保险公司的账户上也就有了几元钱的佣金，数字虽小，它却标志着零的突破，也是史东人生历程的一座里程碑。

从那以后，史东对自己的推销才能产生了信心，相信有一天自己一定会成为一名出色的推销员。后来的事实也证明了他的确具有这方面的资质。

他接着干下去，随着经验逐渐丰富，他成功的比率也日渐增加。这一来，他的兴趣更浓了，只要是空闲时间，比如节假日、学校不上课，他就跑出去拉生意，他越做越顺利，有时一天竟能做成 10 多笔生意，甚至最多的时候能做成 20 多笔。这样，他这一天的收入就相当可观了。

有时，他问自己：我为什么每天都能有收获？每天都能有新的发展？他认为，这主要是缘于自己积极向上的生活态度。干一件事，最关键的是自己一定要有信心。

正当他为已经取得的成绩而高兴的时候，有人带信来：校长叫他去一趟。

他怀着忐忑不安的心情推开校长办公室的门，校长对他说：“你知道自己违反了校规中哪几条吗？”史东说：“我不知道。”校长说：“你是个很有本事的人，你现在的收入已经比我这个校长还高了，知道吗？”“不知道！”史东听出对方是在奚落他，他不能忍受，一转身走了出去。他就这样退了学。

中国有句俗话：“塞翁失马，焉知非福。”在一般人看来，他一个中学生为了赌气而离开学校，是非常令人惋惜的。但对于执着于某一件事的人来说，却也未见得完全是坏事，因为这样一来，他更可以全身心地投入到他所喜爱的那项工作中去了。

退学以后，史东一身轻松，毫无牵挂地到密执安州各地去，为他母亲所在的那家保险公司服务。他的成绩显著，每天可以拉到30多位客户，多的时候能拉到40多位。比在学校时更上一层楼了。

在刚满20岁的时候，他来到芝加哥，设立了自己的保险代理公司，给这个公司起名为联合保险代理公司。实际上，公司成员只有他一个人。公司开张的第一天就生意红火，拉到了50多位客户来投保。史东因此对自己更加充满了信心。

后来，他又将业务范围扩展到伊利诺伊州。生意前景越来越看好，有一天他居然拉到120多个客户，真是叫人难以相信。然而，这却是事实。

随着公司经营范围的不断扩大，客户的增多，史东开始感到人手不足是个主要问题了，于是决定招兵买马——雇佣兼职人员来为他干活。在这以前，他一直认为，只要自己的力量还可以承担，他就决不雇佣工作人员。事业刚刚起步，多一个人就多一份费用。可是现在不同了，他已经开始感到，要想进一步扩展事业，就非得要增加人员不可，否则，他将失去许多机会。他通过征聘的形式，从众多的应聘者中选择了几名推销员。

在那些应聘信中，有本地的，也有外地的，比如有来自印第安纳州和威斯康星州的，尽管他没有录取这些人，却使他从中受到启发。他突然想到，为什么不让这些踊跃应征者在当地为他所代理的保险公司拉生意呢？好主意！他立刻将这一想法付诸实施，在那两个州雇佣一些人，帮助公司展开业务。

从这以后，他由点到面，四面扩展，相继在其他州也征聘推销人员，从东到西，由北到南，覆盖面愈来愈大。到20世纪20年代末期，他的保险推销人员已有1000多人了。

为了加强对广大推销人员的管理，史东任命了各州的负责人；然后，又任命区域性负责人来管理这些州负责人。自己身边还有帮手，帮助统管全国和芝加哥总部的工作。他的经营局面已基本打开，这时他还不到30岁。

再幸运的人，也不可能永远一帆风顺。正当史东的保险代理公司蓬勃发展之际，却出现了全国性的经济不景气。许多工商企业纷纷倒闭，这对保险事业无疑是个不小的打击。因为在这样的情况下，人们大多数已无钱投保，即使有一点钱，也首先要考虑眼前的生活问题，无暇顾及遥远的未来之事了。

面对这样的现实，保险公司的许多推销人员都失去了信心，感到悲观失望。史东心里也着急，不过他觉得这个时候必须给下面的人鼓鼓气。他对员工说：逆境中也是可以获得成功的，秘诀就在于你自己必须是乐观向上的，你一定不能失去信心和决心。推销员的悲观与乐观都可能影响客户。为了使自己的话更有说服力，他亲自示范，到纽约州去推销保险。事实证明，尽管市场不景气，他仍能达到20世纪20年代升平世道的水平。

经过这次波折，史东自己也发现了这样一个道理：在经济上升时期，做什么都容易，对手下的推销人员不必操过多的心；可一旦遇上困难时期，面临真正的考验，许多人就承受不了了。由此可见，提高推销人员的心理素质是非常重要的。他决定大力向他们灌输自己的那一套积极的精神态度，并开展首次推销训练运动。

在训练运动中，他亲自深入到第一线视察，与工作人员交流，并表演示范。尽管如此，还是有许多人振作不起来，纷纷辞职不干了。1000名推销员，到后来只剩下1/35仍坚守岗位。这也是一种自然淘汰，留下来的人个个都是好样的，他们训练有素，能接受史东的经营思想，工作效率也很高，到了全国经济复苏的时候，他们甚至创造了远远超过1000人时的辉煌成绩。

到20世纪30年代末期，史东已经是年轻的百万富翁了。

了解史东的人都会觉得他这人具有双重性格，他是美国最大的商人之一，在与他的接触中，总会给人留下一种很深的印象：似乎赚钱是他生活的惟一目标。但实际上，他却热衷于慈善事业，施舍起来毫不吝啬，这又使人感觉赚钱并不是他惟一的目的。

身材矮小、圆脸、头发直着向后梳理，留旧式短髭，打着漂亮的领结，手上带着耀眼夺目的戒指，不停地抽着哈瓦那雪茄，他就是克莱门提·史东——一个真正的商人。

◎ 马云：相信自己，就能赢得整个世界

2013年11月11日，阿里巴巴旗下的天猫“双11”购物狂欢节疯狂开启，支付宝成交额第1分钟过1亿元，第6分钟破10亿元，5时49分破百亿元，至8时42分，天猫“双11”购物狂欢节支付宝成交额突破121亿元，再次超过2012年美国最大的网上购物节“网络星期一”成交额（120.8亿元人民币）。13点04分，天猫“双11”购物狂欢节成交额突破191亿，仅用13个小时就完成2012年全天交易额。截至11日21点19分，天猫官方微博公布的最新交易数据称，21时19分45秒，天猫“双11”购物狂欢节支付宝交易额超300亿。最终交易额以350.19亿收官。创造这个奇迹的是一个叫马云的人。

小时候的马云，是一个“侠气”味很重的人，他对朋友很讲义气，因此，小时候打架无数。曾经因一次“战斗”而身上缝了13针。因为打架，他受过学校好几次处分，也曾多次被迫转学。在家长、老师以及邻居

的眼里，谁要说这个顽皮孩子的前途有希望，那么他们宁愿相信太阳从西边出来。这可能只是一个孩子的另一面，其实，少年时的马云并不是一无是处，据马云自己讲，他 12 岁时就对学习英语产生了兴趣。每天早上，不管刮风下雨，他都要骑车 40 分钟，到杭州西湖旁的一个小旅馆学英语，这一学就是 8 年。那时，中国已经逐渐对外开放，许多外国游人到杭州旅游观光。他还经常为他们充当免费导游，带他们四处浏览的同时练习英语。马云说："这 8 年的学习深深改变了我，外国游客带给我的知识，和从老师、书本那里学到的很不一样，我开始比大多数人更具全球化的视野。"

但在很多人的眼里，从小到大，马云都是最差的学生，上的是三四流的中小学，读的是当地最差的大学。马云读书的过程也是具有传奇色彩。他初中考高中考了两次，高中考大学考了 3 次，其中第一次高考，数学只考了 1 分。但他并没有放弃对大学生活的追求，可在他第三次参加高考前，他的老师却这样对他说："你要是考上的话，我的名字倒过来写。"

马云经过坚持不懈地参加高考，终于在 1984 年进入了专科录取分数线，幸运的是，因为他离本科线只差 5 分，那年本科没招满人，马云就这样跌跌撞撞地考入杭州师范大学外语系本科。在大学里，马云很快显示出了他的能力，不仅当上了学生会主席，后来还成为杭州大学生联合会主席。

从杭州师范大学毕业后，他的未来注定要成为一个英语老师了。但幸运的是，在学校 500 多名毕业生中，他是惟一一位分在大学教书的人。就这样，马云在杭州电子工业学院教英语，每月工资只有人民币 100 多元。在清苦的教书生涯中，马云一干就是 5 年，在这 5 年中，马云并没有一心一意地在教书，在他的心中，一直梦想着到公司工作。

1991 年，马云根据自己的特长，和几个朋友一起成立了海博翻译社。结果是第一个月收入 700 元，而他却要付 2000 元的房租，这档赔本的买卖遭到了很多人的讥讽。

朋友对这个项目都动摇了，但马云却坚信：只要坚持做下去，一定有前景。为了填补翻译社的亏空，他贩卖小商品来维持翻译社的正常运转。

两年后，马云不仅养活了翻译社，而且还打造了杭州第一个知名度很高的英语角。如今，正如马云当年所愿，海博翻译社已经成为浙江省最大的翻译社。

真正促使马云下海的是一个偶然的机会。

在1995年，他随一个贸易代表团前往西雅图任翻译。在西雅图，他第一次接触到互联网。偶然间，马云在雅虎上搜索“啤酒”这个单词，遗憾的是，没有搜索到任何关于中国的资料，出于好奇的马云请人做了一个自己翻译社的网页，没想到，在3个小时内就收到了4封邮件。这时的马云意识到：互联网必将改变世界！他更萌生了一个想法：要做一个网站，把国内的企业资料收集起来放到网上向全世界发布。

此时的马云刚刚步入而立之年，并已经是杭州十大杰出青年教师，在教师的岗位上，他有着很好的发展前景。但是，胸怀大志的马云决定放弃在学校的一切地位、身份和待遇，全身心投入到互联网事业上来。

此时，互联网对于很多中国人来说还是非常陌生的，就是在世界范围内，互联网也刚刚开始发展。在这样的情形下，杭州更不具备建立互联网的条件，马云想要下海，用互联网来为公司赢利，这个想法遭到了亲朋好友的强烈反对——马云到了被亲朋孤立的境地。

没有人赞同马云的想法，后来马云说：“当时我请了24个朋友来我家商量。我整整讲了两个小时，他们听得稀里糊涂，我也讲得糊里糊涂。最后说到底怎么样？其中23个人说算了吧，只有一个人说你可以试试看，不行赶紧逃回来。我想了一个晚上，第二天早上决定还是干，哪怕24个人全反对我也要干。”

“其实最大的决心并不是我对互联网有很大的信心，而是我觉得做一件事，无论失败与成功，经历就是一种成功，你去闯一闯，不行你还可以掉头；但是你如果不做，就像晚上想想千条路，早上起来走原路，一样的道理。”时隔多年，回忆起当年力排众议的情形，马云依然为自己的选择叫好。

于是，在1995年4月，马云凑了2万块钱，一个专门给企业做主页的“海博网络”公司就这样开张了，它成为中国最早的互联网公司之一。

建立了自己的公司之后，不久马云又有了新的梦想——建立自己的电子商务公司。在1999年，他向自己的合伙人说出了这个构想，随后，这些人一共凑了6万美元，这就是创建阿里巴巴的原始资本。

当时，美国的电子商务都是走大企业路线，一些中小企业都不在电子商务的业务范围内。但马云却不这样认为，在他的理念中：“听说过捕龙虾富的，没听说过捕鲸富的。”于是，他把自己的经营路线定在中小企业上。对于自己的决定，很多人又持反对意见，认为中小企业根本就很少讲究企业战略，电子商务在他们中间根本行不通。马云对中小企业进行了详细的调查，他发现，中小企业商人头脑精明、生命力强，相当务实。马云后来说：“他们才不管你什么战略不战略，能让他赚更多钱的东西他就会用，他们不会在乎为此而花费一些小钱。”于是阿里巴巴在诸多非议中确定了自己的经营模式。在创业之初，为了公司获得业务，马云南下北上，穿梭于中国的各大城市之间。马云自己都已经记不清阿里巴巴经历了多少次“死亡预言”的打击，但马云还是成功了。今天，整个国际环境都在渐渐认同阿里巴巴，就连美国的Commerce One也学起了马云，做起中小企业的生意，AOL也正向这方面转型……在经营阿里巴巴的过程中，马云说过这样一句话：“我能取得今天的地位，因为我相信一件事：那就是自己一定能赢。”

如今，阿里巴巴成为了全球企业间(B2B)电子商务的著名品牌，为数千万网商提供海量商机信息和便捷安全的在线交易市场，也是商人们以商会友、真实互动的社区平台。这个平台已经成为很多人生活所离不开的一部分了。

◎ 吴士宏：我相信自己，不信命运的安排

在中国当代的经理人中，吴士宏被认为是一个极富传奇色彩和个性魅力的成功女士。她被称为是“打工女皇”。她早年做过护士，后来在外企服务公司做勤杂工，之后她幸运地进入 IBM 公司，由于业绩突出，从职员升任中国华南分公司总经理。1997 年任 IBM 中国销售渠道总经理，1998 年出任微软中国公司总经理，几年后辞职。后来出任 TCL 集团常务董事、副总裁。她演绎了一段经典的“灰姑娘”的经历，这些经历不是幸运的因素使然，而是她敢于展现自己的能力，才一步步走向成功。

吴士宏出生于北京，父母都是知识分子，由于父母所谓的“政治问题”，1973 年初中毕业的吴士宏不能继续上学。之后，她被分配到一个街道小医院当护士。

10 年过去了，改革不仅改变着中国，也改变着吴士宏的眼界。吴士宏觉得，自己不应该永远都是一个街道小医院的护士，应该活出自己应有的价值。于是，她决定自学英语。她依靠一台小收音机，用了一年半的时间修完许国璋的三年英语教程，并通过成人高考取得英语专科学历。

拿到了英文专业的大专文凭后，吴士宏获得了一个去 IBM 工作的机会。在进入 IBM 之前，有一个面试，吴士宏表现出了初生牛犊不怕虎的胆量。经理问她：“你知道 IBM 是家怎样的公司吗？”吴士宏马上回答：“很抱歉，我不清楚。”她说的是实话。“那你怎么知道你有资格来 IBM 工作？”“你不用我，又怎能知道我没有资格？”吴士宏脱口而出，这句话充分显示了她的自信和勇气。接下来，她用流利的英语说，她以前的同事和领导都相信她有能力做更多的事，如果能给她机会，她会以实际成绩来

证实她的能力和资格。就这样，她被录用了。在这场面试的过程中，吴士宏充分表现了自己的自信和能力，她给予主考官的，是一种信任和认同感。IBM 的面试像一面筛子。两轮笔试和一次口试，吴士宏都顺利地滤过了严密的网眼。最后主考官问吴士宏会不会打字，吴士宏条件反射地说："会！""那么你一分钟能打多少？"吴士宏聪明地问："您的要求是多少？"主考官说了一个标准，吴士宏马上承诺说可以。因为吴士宏发觉考场里没有打字机，果然，主考官没有再加试打字。

实际上吴士宏从未摸过打字机。面试结束，吴士宏飞也似地跑回去，向亲友借了 170 元买了一台打字机，没日没夜地敲打了一个星期，双手疲乏得连吃饭都拿不住筷子，吴士宏竟奇迹般地敲出了专业打字员的水平。以后好几个月她才还清了这笔不少的债务，而 IBM 公司却一直没有考她的打字功夫。

刚进入 IBM 时，她只是一个基层办事员，做的是繁琐的行政勤务，在职务上称做是"行政专员"，但工作的实质与打杂没什么两样，几乎什么都干。但是，正是这段"打杂"的工作对吴士宏影响巨大，她觉得，身处无比优越的真正白领阶层中，自己真的没有能力，没有价值。或许正是自己的现状就是这样，她也很少获得同事的尊重。一次，有位资格很老的香港女职员向她劈脸喊道："如果你要喝我的咖啡，麻烦你每次把盖子盖好！"她把吴士宏当成经常偷喝她咖啡的毛贼了。这是人格的污辱，吴士宏顿时浑身颤栗。所幸每个人都有不断变化的机会，身处的环境中也不断会有新的刺激出现使人往上或往下走。在吴士宏身上，这来自外界的不断刺激，当时就像不断有鞭子抽打着她，驱使她往上走。事后她发誓说："有朝一日，我要有能力去管理公司里的任何人，无论是哪的人。"

在 1993 年初，IBM 在中国成立了独资分公司，在职的中国员工也就从外企雇员变成了外资独资企业的直接雇员，也就是说，吴士宏成了 IBM 的正式员工。因为在此之前，应聘外企的本地雇员是不可能进入公司管理层的，独资分公司的成立，在吴士宏的心里突然迸发出一个大胆的想法："哪一天，我在 IBM 也可以成为一名经理！"那时，吴士宏只能把这种野心和梦想藏起来，不敢跟别人说，怕说出来别人笑话她。你想，在科技文化密集的 IBM，硕士博士比比皆是，而吴士宏是个女孩，正规学历只有初中。

吴士宏要改变现状，把自己从最底处带领出来。有了应聘时要求打字的前车之鉴，她决定把事情做在前面。于是，她每天比别人多花 6 个小时用于工作和学习，为了通过计算机语言考试，她用两个星期的全部夜晚啃完一尺半高的教材；为了能够锻炼口才以适应推销业务，她把自己关在家里对着墙壁反复练习绕口令；为了练习专业术语快读，导致她咽喉充血不能吞食。于是，在同一批聘用者中，因为她掌握了更多的技能，第一个做了业务代表。

吴士宏知道，即使是面对这些繁琐、单调的工作，也要尽力把它做到最好。因为只有做到最好，才能有机会让上司关注到自己，才能有机会得到培养。吴士宏当时是这样想的，也是这么做的。在工作中，她总是尽力做到最好，并且勇于向领导展示自己的才能。

吴士宏的努力没有白费，吴士宏在 IBM 公司工作了 12 年，以勤奋好学、工作拼命著称，终于从一名勤杂人员成长为高层管理者。在管理层，她的能力很快得到了领导的肯定。1998 年 2 月吴士宏改任微软中国公司总经理，执掌世界上最富有公司的金印，1999 年 10 月以后又任 TCL 集团信息产业公司总裁。

后来，有人问吴士宏人生成功的秘笈是什么，她说："我相信自己的能力，不信命运的安排。如果一个人没有了相信自我的能力，她就会被命运扔在角落里。"

◎ 松下幸之助：成功就是相信你从事的事业

日本松下电器公司的创始人松下幸之助举世闻名，这位传奇式的人物，从一个只有几个人的小作坊起步，到后来发展成为世界电器之王，他就是一个经营天才，但这个天才的小时候却充满着苦难。

家里有 8 个孩子，松下幸之助是最小的一个，他上面有两个哥哥和 5 个姐姐。原先他们家是江户时代的名门望族，在幸之助 4 岁时，因为家道中落，他们不得不背井离乡，搬到日本和歌山市内，在那里经营一家鞋店，但由于生意不好，不久就关门了。后来，幸之助的父亲只有做卖米的小生意来维持家里的生活。祸不单行，家里的厄运又接踵而至，幸之助的两个哥哥和大姐因病相继去世了，因为他大哥那时已经有了一份稳定的工作，已经成为家里的顶梁柱，他的死给这个家庭又带来了无比沉重的打击。

为了养活一家人，幸之助的父亲去了大阪，因为在那里有更多的就业机会。不久，父亲找到一份干杂务的工作，一家人的生活就这样勉强维持着。

为了改善家里的生活条件，幸之助在小学 4 年级的时候，父亲就在大阪为他找了一份小伙计的工作，从大阪来信叫幸之助立刻去上班。幸之助的母亲心疼孩子，说他还不到 10 岁，等小学毕业后再去工作，但狠心的父亲坚决不同意，现在家里最需要的就是有充足维持家里生计的钱。于是，小小年纪的幸之助便中途退学，到大阪一家做火盆买卖的店里当了一个小伙计。

当小伙计的日子也只过了几个月，因为火盆店的老板觉得他太小了，什么事都做不了，便把他辞了。几经辗转，他又被介绍到一家自行车店里当伙计，因为第一次被辞了，幸之助就更加珍惜这份得来不易的工作。每天，他总是早早地来到店里，把店里店外打扫一番，然后等着第一个顾客的到来。晚上下班的时候，他又是最后一个离开，想多接待一位顾客。凭着勤奋，他在那里总算扎下了根，一下子就工作了6年。

在那时的日本，自行车是很现代的代步工具，属于高档商品，也只有少数人能用得起，不过随着社会的发展，自行车渐渐地普及开来，因此，卖自行车是一个很有生气的行业。同样的，幸之助所在的那家自行车店生意也很好，因为他干活踏实，自行车店的老板五代夫妇对他也不错。

经过在大阪几年的锻炼，使这个只有15岁的少年长了不少见识。幸之助看到，眼下的日本电器事业正在迅速地发展，电器会在城市生活中占有越来越重要的地位。自己也亲眼看到了大阪的变化，在大阪，不仅有了电灯，街道上也开始跑起电车来了。幸之助感觉到一个电器的时代已经到来。

于是，他希望自己能找一个更有前途的工作，同时，自己也暗下决心：今后的工作一定要与电器有关。

这样，幸之助有了离开五代夫妇的萌动之心，然而，老板夫妇对他视如己出，这好几年来对他的关怀使他无法开口辞职。幸之助只有忍着干了一段时间，但电器行业对幸之助的引力实在是太大了，终于有一天，他的决心已经成为遏制不了的冲动，他悄悄地离开了店铺，因为他不忍心向关爱他的五代夫妇辞别，但他没有忘记给五代夫妇写一封信，对他们长期的关怀表示感谢，并对自己的不辞而别表示深深的歉意。

不过，天不遂人愿，他并没有立刻找到与电器有关的工作，为了解决生活问题，他只有在姐夫的帮助下，到一家公司做了临时搬运工。搬运工是凭力气吃饭，一个只有15岁的孩子，身体还很瘦弱，那些装着沉重货物的手推车，累得幸之助小便带血，但他还是强撑着，并坚持干了很长时间。

1910年，幸之助17岁了，就在这一年，他如愿以偿地找到了一份与电器有关的工作，他到大阪电灯股份有限公司当了一名安装室内电线的练习工。尽管他对电器知识一无所知，甚至连最基本的操作都不会，但他下决心一定要把自己的工作做好，于是在业余时间他刻苦学习业务知识。没有多久，他就熟练掌握了电工技术，加上他工作勤奋，很快就赢得了公司负责人的信任，他成了业务骨干。当时，只要是大阪电灯公司所承包的重要工程，其中的有关工作都会让幸之助去做，大量的实践使幸之助对电器这个行业有了更深刻的了解，为他以后进军电器行业打下了良好的基础。

他在大阪电灯公司工作了7年，上司对他的品格及能力一向是很欣赏的，提升他为部门主任只是个时间问题，但幸之助还是辞去了这份工作。在他领到辞职金之后，他用手中仅有的100日元，和他的两位老同事以及他的妻子和内弟井植岁男，一共5个人就这样办起了生产灯头的工厂。

事业的开端是非常艰难的，他们先是用了很长时间解决了电灯壳体制造的难题，可当他们历尽千辛万苦生产出一部分样品来之后，却又推销不出去。他们只有拿着样品，走遍了大阪的大街小巷，到销售电灯的每个商店去推销。遗憾的是，他们一天最多只能卖出100来只灯头，收入不过才10日元。

4个月过去了，面对毫无起色的工厂，合作的两位同事离他而去了，只有幸之助夫妇和内弟3个人仍苦苦地支撑着。为了维持工厂的运转，幸之助开始典当自己的衣物。

天无绝人之路，就在幸之助山穷水尽之际，一个意想不到的机会降临了。曾经是合作者之一的森田延次郎给他带来了一个好消息：有一家电器器具制造厂对他的产品感兴趣，他们要订购1000只电扇底座，并且不需要任何金属配件。这对松下幸之助来说，简直是绝处逢生。就这样，松下幸之助用了约10天工夫，完成了客户所要的产品，不久，幸之助收到了160日元的货款，在这笔生意中，他获得了80日元的利润，基本收回了当时的投资。

第二年年初，大量的电扇底座订单相继而来，松下幸之助扩大了工厂的规模，他相信自己的好运来了，并在生产灯头和电扇底座之余，改良电灯插头，相信自己的新产品一定会有一个好的销路。不久，经他改良的插头拿到市场试销，果然大受消费者的欢迎，十分畅销。

当然，生意场上时刻都会有竞争，松下幸之助也曾因为竞争而遇到过困境，但他经过一番不懈的努力之后，确立了销售路线，也扭转了不利局面。就这样，在短短的半年之内，工厂焕然一新，生意更日渐兴隆。为了应付四面八方飞来的大量订单，已经增加了设备还是供不应求，必须昼夜加班工作。在生产最紧张的时候，松下幸之助和他的妻子也下车间和工人一起干活，根本就没有休息时间，除了吃饭，上厕所，机器几乎是一刻也不停。

因为厂房空间很小，工作条件极其恶劣，而工作时间又长，很多工人受不了这个罪，就辞工不干了，因此工人缺乏的现象很严重。松下幸之助每天早上都站在门口，东张西望，看见工人们都来上班了，他才放下心，同他们一起开始工作……

就这样惨淡经营，历尽千辛万苦，从1919年到1920年，松下电器制造厂业务发展甚为顺利。由于松下重视工厂信誉，因而拥有许多长期客户，松下幸之助个人的名声也渐渐大起来。

后来，随着业务的发展，原有的厂房条件已经不可能适应新的需要了，松下电器制造厂紧紧抓住"研制新产品，开拓新市场"这一环。幸之助是个善于发明、善于改进的人，他以电灯为中心，不断地发明出一些与此有关的新产品。松下幸之助不断地把新的电器产品推向市场，相继生产出电熨斗、电炉、电热器、真空管和收音机等。1932年是松下幸之助锐意扩充业务的一年。他的工厂昼夜不停地生产，仍无法满足市场的需要，业务空前兴旺，公司也不断地扩大，新建了许多厂房。这时他在管理方面采取了一系列措施，推行分权组织制度，从研究、开发到制造、销售、宣传，全部严格地实施公司内各组织单位分担的业务责任；各部门责任明确，各自有账户，进行独立经济核算。这在当时日本企业界引起许多议论，因为不要说在日本，就是在企业管理先进的美国，也只有如杜邦公司、通用汽车公司等少数几家大公司实施分权组织制度。

时至今日，松下电器公司已是名震全球的企业，拥有 20 万职工，年销售额超过 300 亿美元，是全世界最大的电器制造商。创造如此奇迹的天才松下幸之助，在晚年还著书立说，把自己经商的经验与世人分享，他的很多著作也成为很多人最佳的励志读物。

◎ 乔布斯：一定要成为最厉害的人

今天当我们走在大街上的时候，我们随处可以看到“苹果”的标志。“苹果”产品的全新的设计理念，不仅给我们的生活带来了便利，更给我们的生活增加了一份情趣。可以说，“苹果”改变了我们的生活。而带来这些改变的，却只有一个人，他的名字叫做“乔布斯”。

1955 年 2 月，乔布斯出生于美国旧金山，他是个由养父母抚育大的孤儿。他小时候虽然聪明，但更是一个淘气的孩子，他一刻也闲不住，好像对世界上一切东西都充满着好奇。在他 6 岁那年，他随养父搬到硅谷附近的山景镇。从此，乔布斯的整个生活就充斥在这世界上最新、最高的科技环境之中。在硅谷这片狭小的空间里，云集了 7000 多名博士，并涌现出 1.5 万多名百万富翁。看见硅谷里忙忙碌碌的人们，乔布斯暗暗地下决心：有一天自己一定要成为这里最厉害的人。

他家的邻舍赖瑞是惠普电子公司的工程师，在周末休假时，他看见很多人在赖瑞的家里，手持烙铁把各种各样的电子器件组装在一起，之后只要通上电就会发生一些奇异的现象。渐渐地，只有 10 岁的乔布斯就迷上了电子，这个东西对他有着无穷的吸引力。有一天，赖瑞工程师带了一只麦克风回家，他接上电源后，在喇叭里就可以发出自己的声音。这可把乔布斯给迷住了，不停地向赖瑞问这问那，好心的赖瑞后来干脆就把麦克风送给了乔布斯，让他自己去仔细研究。此后，乔布斯每天晚上都到赖瑞的家中，他一边在赖瑞家里给手持烙铁的人打下手，一边一点一滴地汲取有关电子的知识。每天晚上他早早地就来到赖瑞的家里，一直到深夜才依依不舍地离开，因为回家太晚，他没少挨父母的责骂。不久，乔布斯掌握了很多电子知识，甚至能抵得上半个电子工程师了。赖瑞看见这个孩子这么聪明好学，于是就推荐他参加自己公司的“发现者俱乐部”。这是个专门为年轻工程师举办的聚会，每星期二晚上在公司的餐厅举行，主要是以当时先进电子为主题。在一次聚会中，12 岁的乔布斯第一次见到了电脑，这是俱乐部展示一种新式桌上电脑，尽管这个东西看起来过于宽大和笨重，但大家都还是争先恐后地抢着玩，尽管乔布斯也想亲手摆弄一下，但他在俱乐部里还没有资格玩这种高级的东西。但从那以后，乔布斯就又产生了一个奢侈的梦想：我要拥有这样的电脑。

不久，乔布斯上了高中，经人介绍，他加入了学校的电子俱乐部，在学校的俱乐部里，他成了一个超级“电子迷”。高二时，为了接触更多的电子产品，他利用课余时间到一家电子商店打工。不久，他把各种电子零组件的价格都熟记在心中，成了一位电子零组件的定价专家。乔布斯因为过于迷恋电子，以至于学习成绩一塌糊涂，他的父母常骂他是个不务正业的家伙，后悔当初不该收养这个逆子。但乔布斯却对养父母承诺说不会让他们失望的，他是一个要干大事的人。在这家电子商店，他遇见了另一个电子发烧友沃兹尼亚克，因为他经常到这家商店买电子零件，所以乔布斯就和他成为了好朋友。沃兹尼亚克还自己装配了自创的电脑，这增添了乔布斯对沃兹尼亚克的几分敬重。

1972 年，年仅 17 岁的乔布斯考上了俄勒冈州的瑞德学院。但他在那里只念了一学期的书。为了梦想，乔布斯弃学回到硅谷。后来乔布斯回忆说："17岁的时候，我进了大学。当时我很天真，选了一所学费几乎和斯坦福大学一样昂贵的学校，当工人的养父母倾其所有的积蓄为我支付了大学学费。读了6个月后，我却看不出上学有何意义。我既不知道自己这一生想干什么，也不确定大学能帮我弄明白自己想干什么。所以，我决定退学。当年做出这个决定的时候心里还有点打鼓，但现在往回看，那却是我有生以来做出的最好的决定之一。"退学后，他和朋友沃兹尼亚克一起参加了"土产电脑俱乐部"，因为他们有一个共同的梦想，就是拥有一台自己的电脑。可是，市场上的一台微型机要几千美元，他们根本买不起，于是，他们决定自己去装一台。今天，很多人能使用价廉物美的个人电脑，就是得益于这两个年轻人的强烈愿望。1976年初，两个人决定成立自己的公司。乔布斯卖掉了自己的汽车，沃兹尼亚克也卖掉了心爱的计算器，就这样，他们筹到1300美元。那时，乔布斯仅21岁，沃兹尼亚克26岁。

不久，他们在"土产电脑俱乐部"展示了他们自制的第一台微型电脑。乔布斯在展示会上这样说道："沃兹尼亚克和我创立了苹果电脑，因为我们都希望拥有一台个人电脑，不仅是因为买不起眼下市场的大型电脑，而且也因为它不实用。我们需要一台像福斯金龟车式的个人电脑。诚然，福斯金龟车这种常见家庭用车比起大型车来，不见得有多么惬意或舒适，但它价格低廉，车主照样可以带着一家人到任何地方去，其功能也足以供家庭使用。让我们都拥有一台这样的个人电脑吧。"就这样，乔布斯创造了硅谷的天方夜谭：他以1300美元起家，在不到5年的时间里，推出的苹果个人电脑席卷了全球。到1980年，25岁的乔布斯已拥有数亿美元的个人资产，成了历史上最年轻的白手起家的亿万富翁，他被人们称为"硅谷狂夫"，还成为白宫的座上客，总统里根对他更是十分赏识，称他是美国人心目中的英雄，但在世人看来，他更是一个电脑天才。

在21世纪初，苹果电脑、苹果手机更是风靡全球，乔布斯将自己的"苹果"智慧发挥得淋漓尽致。今天，乔布斯虽然离我们而去，但他的苹果产品是同类产品最杰出的代表。这也再一次实现了乔布斯当初所说的一句话：自己一定要成为这里最厉害的人！

◎ 史玉柱：我不相信自己会轻易倒下

在中国，史玉柱无疑是最具传奇色彩的人物之一。史玉柱的经历很富有传奇色彩，在 1989 年，史玉柱用借来的几千块钱，在短短的 5 年时间内，一下子成为名列福布斯“大陆富豪排行榜”第 8 位的富豪。可是，没过几年，史玉柱迅速积累的财富似乎在顷刻间又灰飞烟灭，他一下子沦落为负债 2.5 亿元的“中国首穷”。但更具有戏剧性的是，几年后，史玉柱又起死回生，他不仅在短短的时间内还清了巨额债务，还一下子变成了身价上亿的富豪。脑白金、黄金搭档、网络、游戏，以及史玉柱个人经历的沉浮，让人看起来有着几分诡异。

史玉柱生在安徽北部的一个小县城里，当年，因为史玉柱以全县总分第一的成绩考入浙江大学，在那时他的名字在县城里就已经家喻户晓了。大学毕业后，他被分配到安徽省统计局，年仅 24 岁的史玉柱因为工作出色，被单位送往深圳大学进修。当史玉柱完成研究生的学业之后，他怀里揣着借来的 4000 元钱，以及他耗费 9 个月心血开发出来的 M-6401 桌面排版印刷系统，登上飞往深圳的飞机——他决定辞职下海。

1989 年 8 月，他利用 M-6401 桌面排版印刷系统在 4 个月后赚回 100 万元。也就是在这一年，史玉柱产生了创办公司的念头，他用“巨人”这个词来命名自己的公司。

在 1991 年，史玉柱把“巨人”总部由深圳迁往珠海，“珠海巨人新技术公司”迅速升格为“珠海巨人高科技集团公司”。此后，巨人集团取得快速发展，创出了年发展速度 500% 的奇迹，成为珠海高科技产业的样板企业，史玉柱创造出一年成为百万富翁，两年成为千万富翁，3 年成为亿万富翁的神话。

但是，商场如战场，俗话说，兵败如山倒。随着国际电脑公司开始围剿中国的电脑公司，巨人集团自 1993 年开始走下坡路。而这时，巨人集团又错误地决定进入房地产和生物工程这两个不该进的领域。

史玉柱进入房地产领域后，主要任务是开发建造巨人大厦。起初，史玉柱只打算盖一个亿元资产的规模，后来当地政府的一些领导建议，巨人集团为珠海建一座标志性大厦，因此，巨人大厦又由原来的 38 层改至 54 层、64 层，最后决定盖个 70 层的大厦，预算也因此从 2 亿元增至 12 亿元。这个房产开发项目，这种非理性决策使巨人集团处于危险境地。

果然，因为资金不足，巨人大厦未能如期完工，已买楼花的人要求退款并赔偿，巨人集团无钱赔偿，这一下子成为了巨人财务危机的导火索。

进入生物工程领域是史玉柱失败的第二个原因。对巨人集团来说，生物工程是一个完全陌生的领域，在这个市场中，史玉柱并不了解该领域的消费者特性，不熟悉这一领域的资金运作和营销策略，导致巨人集团越陷越深。史玉柱本以为先用开发巨人大厦的钱投入生物工程，再用生物工程产生的利润反过来支持巨人大厦。但是，实际的运作出现了偏差，结果是巨人大厦没能撑起，反倒赔进了生物工程。

1996 年底，曾经风光无限的巨人集团因投资房地产和生物工程领域的失误导致负债结构中出现恶性债务，讨债者蜂拥上门，集团资金周转不灵，最后陷入了财务危机。最后，史玉柱留下一栋荒草肆虐的烂尾楼，再外加几亿元巨债——他不仅成了一个贫穷者，更成了中国的“首负”。

在通常情况下，一个负债上亿的人，他还有资本成为一个富豪吗？事实给了我们一个肯定的回答：能！

2002 年起，史玉柱就悄悄地招兵买马，为他富起来做准备，2004 年，他终于在上海成立了征途网络公司，开始研发《征途》网络游戏。如今的史玉柱似乎又在转眼间成了资产达 500 亿元的富豪。史玉柱说：“因为我不相信自己会轻易倒下，所以又使我再次辉煌，相信自己的人不怕暂时的失败。”

经过大起大落，史玉柱已经成熟了很多，他给自己确定了投资原则：“不熟悉的行业不投，资金不充足不投，人才不够不投。”史玉柱在这方面进行了深入的研究，他的结论是：至少在8年或者更长的时间里，网络游戏的增长速度会保持在30%以上。并且在中国的市场上，人们对娱乐的需要还在日益增长，中国游戏玩家的比例相对也较低，增长潜力巨大；关于钱的问题，史玉柱早有准备，多年保健品业务积累和投资收益给史玉柱带来了巨大的资金积累；关于人才，我们可以从史玉柱的话中得到结论：“做网络游戏和做保健品一样，你真正赚钱要靠回头客。靠广告砸钱能让第一批人进来，但这批人进来实际你是不赚钱的，因为你的投入很大。回头客靠什么？靠你的产品有没有效。做游戏也是一样，首先游戏性怎么样，能不能吸引住他……你要是没有几千万，你维持不了研发队伍的薪水；你要是没有几千万，你没法把硬件设备配齐；你要是没有几千万搞推广，你玩不转。游戏第一靠人，第二是靠钱堆出来的。游戏好坏跟盖楼一样，楼盖得漂亮，除了设计好之外，实际上还得靠钱，钱投得越多，每平方米造价越高，这个楼越显档次……”

随后，史玉柱在网络世界里如鱼得水，如今，《征途》同时在线人数最多时曾破过150万人。今天，已在美国纽约证券交易所上市的巨人网络集团，在2007年实现净利润11.363亿元人民币。2007胡润IT富豪榜史玉柱排第2名，2007胡润金融富豪榜史玉柱排第6名……除网游产业以外，目前史玉柱所持有的民生银行和华夏银行的股份市值就高达130亿元人民币。现在，史玉柱又成为了中国名副其实的富豪。

◎ 金宇中：我不相信命运就此抛弃我

很多人可能不会相信这样一个神话：在战争中被父母遗弃，由富家公子沦为卖萝卜的小贩、报童，最后一跃而成为集“输出大王”“速成财阀”“金融天才”于一身的世界级大企业家。但这并不是一个神话，是一个实实在在的事，其中的主人公就是振兴韩国经济的英雄金宇中。

金宇中生于大邱的一个书香门第。父亲金容河是一所师范学校的校长，并兼任汉城商业大学教授。母亲也是一个准知识分子，还担任过大韩妇女会副会长。金宇中兄弟姐妹6个，他排行第四。因为金容河是专业的教育者，十分注重孩子们的早期教育，并且根据自己5个儿子的不同特点，为他们分别立下人生目标：希望长子能成为教育家，二子成为政府要员或军人，三子成为医生或学者，四子宇中能成为商人，五子成为法律学家。但是，朝鲜战争的爆发，彻底打碎了金容河为孩子们编织的人生美梦。随着战争的升级，金宇中的家境也日渐衰落，不久，父母要离开汉城外出避难，不知为什么，父母外出避难，并没有带走金宇中，他就这样和9岁的弟弟和7岁的妹妹，成了战争中父母的弃儿。

那时的金宇中是一个仅满14岁的少年，在汉城京畿中学读二年级。父母离开后，家里就断了经济来源，不久他们就用光了父母留下的钱，他和弟妹的生活开始举步维艰。金宇中不相信命运会抛弃自己，于是，为了不让弟弟、妹妹挨饿，便想自己去挣钱来养活这个家。

他在街市上四处转悠。这是一个炎热的夏天，他看见农贸市场里的人累得汗流浃背，很多人围在自来水龙头边接凉水解渴。他环顾四周，竟没有发现一个卖茶水的。金宇中心中暗喜，他似乎找到了一条很好的生财之道。他用家里的冷饮机制冷饮到农贸市场里去卖，可他卖了一天刚好够成本，这种生意就没有钱可赚，他沮丧极了。可是，他在卖冷饮时发现，因为战争，农贸市场里的蔬菜价格很高，他想到自己家菜园里的萝卜长势格外好，如果拿来卖的话一定会赚一些钱，于是他便决定转行去卖萝卜。他拔了些自家菜园里的萝卜，并把萝卜捆成小捆拿到市场上去卖。出乎意料的是，不到一会儿工夫，几十捆萝卜就全部卖光了。看到卖萝卜赚到了钱，他和两个弟妹高兴极了，弟弟告诉他，他看见在家不远的地方还有一大片无主萝卜地。因为战乱，萝卜地的主人一家逃难去了。从此，金宇中正式卖起了萝卜。萝卜生意虽小，金宇中却从中学会了做生意的诀窍。金宇中做生意的技巧日益提高，更难得的是，商业意识在无形之中便一点一滴地融入了金宇中的脑海里。

金宇中虽然一天能卖上百捆萝卜，赚上一些钱，战争期间物价暴涨，兄妹 3 人也能够糊口。可是，当他把地里的萝卜卖光了后，兄妹 3 人的生活又陷入了窘境。

突然有一天母亲避难归家，她告诉孩子们父亲已经在战乱中失踪，十有八九死于战乱之中。这时寒冬已经来临，天空常常飘着大雪，家里值钱的东西已经卖光，粮食也所剩无几，贫困加上亲人的离散，更让这个家庭多了几分凄凉。为了生存，母亲只好领着孩子离开汉城回老家大邱市，希望以此改变生活状况。没想到大邱的生活比汉城更艰难，全家彻底地陷入走投无路的境地。看着家里人就要被饿死，金宇中心急如焚，他决定挑起家里生活的重担，去当报童卖报纸挣钱。

金宇中肩负着养家的重担，因此他卖报时不仅腿勤口勤，而且善于动脑。他发现躲避战火的北方难民比当地人更喜欢看报，因为他们希望从报纸中及时看到老家的消息。于是，他每天一大早取到报纸后，就最先把报纸送到难民居住区。因为一边卖报一边收钱很费时间，为了抢占客户，他对难民采取了先看报后收钱的办法。他把报纸迅速发给面熟的老顾客，等闲暇时再回过头来一一收钱。这样，他有更多的时间去和其他报童抢占更多的市场。当金宇中卖完自己的报纸后，他会从别的报童手上低价买来报纸，拿到人口密集的地方去卖。这样一来，金宇中卖报纸的收入基本能维持全家的生活了。不久，金宇中成了报童中的领班，他每天取报分发给报童收领班费，再加上自己卖报纸的收入，他拥有双份的收入，这足够让他养活自己这个四口之家了。在那个时候，金宇中就自豪地说自己是一个贫困而又不平凡的少年商人。

虽然生活比较艰难，但读书一直是金宇中不变的嗜好。在他卖报期间也还在坚持读书，家境好转后，他返回汉城又读完了中学，幸运的是，他随后也考入了大学。由于家庭生活困难，金宇中在大学读书期间，得到了汉城实业株式会社社长、父亲的挚友金容顺的帮助，在金容顺的资助下，金宇中以优异成绩完成了大学学业。毕业后不久，金宇中加盟汉城实业株式会社。可以说，如果小贩、报童以及大学的学业是金宇中自身才智积累的过程的话，那么加入汉城实业株式会社则是他利用自己才智的积累，使自己事业蓬勃发展的开始。

汉城实业株式会社是韩国化纤制品进出口业最好的企业之一。金宇中在汉城实业株式会社负责纤维制品进出口业务，而这时的株式会社在市场的竞争中已面临生死关头。上任后，他首先到世界各国了解市场行情，经过周密考虑，他确信向新加坡出口纺织品是桩大有可为的买卖。他运用娴熟的推销技巧，很快就与新加坡商人签订了总额为 34 万美元的出口合同，就这样，他使汉城实业株式会社起死回生。接着，他不断开拓在东南亚的外贸生意，从而使他在东南亚一带名声大噪，被誉为“纺织出口大王”，并把企业带入全盛时期。

1966 年，金宇中辞去了在汉城实业株式会社的一切职务，在第二年，与人合伙创办了大宇实业株式会社，主要从事外贸生意。从此，金宇中开始青云直上。

正如他父亲设计的那样，金宇中后来果然成为了一个商人，并在短短的 8 年时间里，就成为韩国闻名的大财阀，这震惊了整个韩国的财界和商界。这神话般的突变，使人们把金宇中称作“速成财阀”。今天，如果你鸟瞰汉城，就会看见一幢气派的摩天大厦，这就是金宇中公司总部所在地，它是韩国最具实力的三大企业集团之一。经过短短20年的奋斗，金宇中集团总资产高达80亿美元，年销售额也达200亿美元以上，堪称韩国现代经济发展史上的一个奇迹。而这个奇迹的创始人金宇中，更是创造这个奇迹的天才。

人们不禁要问：大宇成功的秘诀究竟是什么？对此，金宇中总是用一句话回答：“奥秘在于努力工作。”事实也是如此。自创业以来，金宇中从来没有休息一天、休假过一次。他一年的工作日是365天。每天早晨5点起床，深夜12点才睡觉。为提高工作效率，金宇中规定在工作时间内不准召开任何会议。大宇的工作会议都是在每天早晨6点准时召集，被称为“黎明会议”。会议由金宇中亲自主持，大宇的重要决策大都是在这个会议上做出的。每天早上7点，他准时走进办公室，连续工作十六七个小时，直到夜里11点钟以后，才拖着沉重疲惫的步履回到家里。为洞察国际市场动向，金宇中经常到国外出差，且时间安排得非常紧凑。他甚至一天在三大洲用餐，即早晨在北美洲的美国，中午就在欧洲的英国，而晚上则到了非洲的利比亚。正是由于金宇中付出了比别人更多的汗水和对事业的精诚，才使他由一个卖萝卜的小贩、报童，最终成为一个闻名世界的大财阀。

◎ 普拉蒂尼：我不相信自己会平庸一生

普拉蒂尼在足球场上让全世界无数的球迷为之倾倒，在足球方面，众所周知他是个天才，而就在他功成引退之后，在商界又不断大显身手，成了个大富豪。普拉蒂尼曾这样说过："每个人的一生都像是一场球赛，对于我来说，球场就是战场。我不相信自己会平庸一生，这让我在球场上是胜利者，在生活中也是强者。"看普拉蒂尼成长的过程，我们不难明白，一个天才的诞生，最需要的是相信自己。

法国摩洛尔省的默尔特是普拉蒂尼出生的地方。他的父亲虽然是一个数学老师，但因为自己的两个兄弟都是篮球运动员，在他们的影响下，他成为了一个体育爱好者。父亲虽然将对体育的爱好传给了普拉蒂尼，但他却没有把高大健壮的体魄遗传给他。在同龄的伙伴中间，小普拉蒂尼的个头最小，因为体质差还常常生病，他没有一般体育爱好者那样有几分争强斗狠，而是有点像女孩子般的腼腆。不管从哪一方面看，普拉蒂尼都不具备运动员的潜质。因为作为一个运动员，一是要有一个好的体质，二是在性格上还要争强好胜。有了这两个基本条件以后，还需要后天的努力，这样才能成为一个好的运动员。

普拉蒂尼的父亲对体育的爱好主要是集中在足球上，他在当地也是一个较有名气的足球运动员。虽然年幼的普拉蒂尼显得有几分病弱，但凭着父亲对足球的狂热，他没有放弃对孩子足球运动的培养。一有空父亲就把小普拉蒂尼带到球场上，想以此来让普拉蒂尼爱上足球。

从普拉蒂尼刚会走路开始，父亲就把足球扔给他当玩具，稍大一点后，他便和父亲一道出现在球场上，从开始帮父亲捡球，到有时和父亲做一些带球过人的练习，小普拉蒂尼也将父亲的影响慢慢地吸收，一点点地蕴藏着那一份对足球的痴迷。

但是，天生的体弱和个子矮小似乎使得小普拉蒂尼的球技一直得不到提高，在练球的时候，往往累得他脸色苍白。在和小伙伴们举行对抗赛的时候，要么就是得不到上场的机会，要么在场上经不住与对手的对抗，这种糟糕的状况，让任何人看了都不会相信他以后会成为一个世界球王。

但是，小普拉蒂尼并没有因为身体上的缺陷而放弃对足球的热爱。他经常随身携带一个足球，没事的时候就拿出来进行颠球练习，以此来训练自己的球感。在自家的院子里，总会散放着几个足球，就是从院子经过，他也会对着墙壁踢上一脚足球。院子里的花草被摧残殆尽，墙壁上也球迹斑斑。父亲有比赛的时候，他总会让父亲带他去做一个球童，在捡球之余，他自己还可以模仿练习场上队员的技术。同时，他在球场上的练习更刻苦，小伙伴们练完球都走了，他还会一个人留下来练习很长时间。他的父亲常常骄傲地回忆："他的童年是如此得美好与顺利，他当时那股认真劲真叫人喜爱。"无论在学校还是在体育场上，普拉蒂尼兴致勃勃地玩弄着黑白相间的圆球。

小普拉蒂尼的努力，不仅使得他球技大长，身体也不像以前那么弱了。在父亲的操作下，普拉蒂尼在南锡丙级少年队当上了替补队员，但是，因为他身体虽然不像以前那样病弱了，但与这些具有专业水平的队友相比，他还是显得不足。他经不起高大队员的横冲直撞，因此在比赛中他一直坐在替补席上看着队友比赛，心里默默地哭泣……

他知道，自己的身体素质与人相比处于劣势，但这种劣势可以用球技来弥补。于是他就苦练球技，期待着能练就一身超越自己身体素质的足球技术。在队里的联赛结束后，他就让父亲指导他练习球技，于是，他常对着一排木人练习罚任意球，还经常跟伙伴们绕着一排排树木比赛跑步。他用心来学，用脑子去想，用血汗去练。

不久，他在南锡队里就打上了主力。比赛时，他能和同伴默契配合，能闲庭信步般地轻松盘带过人，有时又突然在别人意想不到的位置，射出又刁又凶猛的弧线球，让对方几个围追堵截的后卫望球兴叹。

他凭着自己的实力升入南锡一队，成为真正的职业球员。随后被选入国家青年队、奥林匹克队，并在 1976 年第一次代表法国队出战。普拉蒂尼的足球事业就这样轰轰烈烈地开始了。

普拉蒂尼几乎将足球运动中的一切技巧集于一身。传球技术臻于完美，落点极佳。控球技术特别优美，球总是贴在他脚下。他在场上感觉良好，头脑冷静，视眼开阔，是名副其实的指挥员。射门功夫也十分了得，最可贵的是，他有一脚任意球绝活，力量大，角度刁，速度快，可以绕开人墙直扑大门，所踢的弧形任意球常常让所有的守门员和后卫都紧张不已，被世人称为“任意球之王”。

普拉蒂尼给法国足球和自己效力的球队取得了很好的成绩，自己也获得了很多荣誉。他凭借着后天血汗苦练出的技术和战术配合，终于让自己的才华大放光彩，成了足坛上举足轻重的人物。在退役后，普拉蒂尼一门心思经商办企业，成为一个有 50 多亿法郎资产的富豪。